THE
BEAUTY OF
FORMULA

公式之美

23個經典公式
掌握宇宙萬物法則
喚醒你的數學魂

量子學派、羅金海

———— 著

公式之美

作　　　　者	量子學派、羅金海
封 面 設 計	萬勝安
內 頁 排 版	高巧怡
行 銷 企 劃	蕭浩仰、江紫涓
行 銷 統 籌	駱漢琦
業 務 發 行	邱紹溢
營 運 顧 問	郭其彬
協 力 校 對	林金源
責 任 編 輯	李嘉琪
總 編 輯	李亞南

出　　　　版	漫遊者文化事業股份有限公司
地　　　　址	台北市松山區復興北路331號4樓
電　　　　話	(02) 2715-2022
傳　　　　真	(02) 2715-2021
服 務 信 箱	service@azothbooks.com
網 路 書 店	www.azothbooks.com
臉　　　　書	www.facebook.com/azothbooks.read
營 運 統 籌	大雁文化事業股份有限公司
地　　　　址	台北市松山區復興北路333號11樓之4
劃 撥 帳 號	50022001
戶　　　　名	漫遊者文化事業股份有限公司
初 版 一 刷	2022年11月
初版三刷 (1)	2023年7月
定　　　　價	台幣680元

ISBN　978-986-489-715-5
有著作權・侵害必究（Printed in Taiwan）
本書如有缺頁、破損、裝訂錯誤，請寄回本公司更換。

作品名稱：《公式之美》。作者：量子學派、羅金海。
本書繁體字版，經北京大學出版社有限公司授權，由廈門外圖凌零圖書策劃有限公司代理，同意由漫遊者文化事業股份有限公司出版、發行。非經書面同意，不得以任何形式任意改編、轉載。

國家圖書館出版品預行編目 (CIP) 資料

公式之美/ 量子學派、羅金海著. -- 初版. -- 臺北市：漫遊者文化事業股份有限公司出版：大雁文化事業股份有限公司發行, 2022.11
　面；　公分
ISBN 978-986-489-715-5(平裝)
1.CST: 數學 2.CST: 通俗作品
310.7　　　　　　　　　　　　　　111016416

公式之美

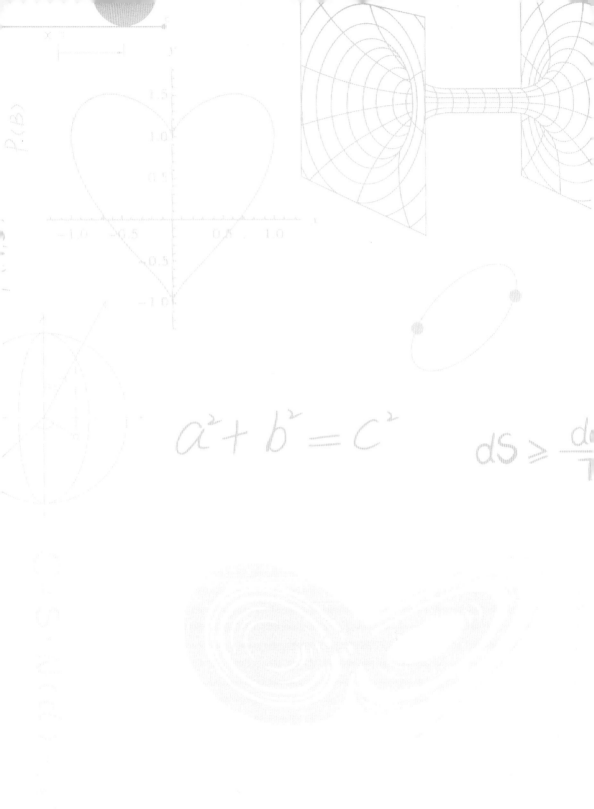

$$a^2 + b^2 = c^2$$

萬物速朽
唯有公式永恆

EVERYTHING IS EPHEMERAL BUT
FORMULA IS ETERNAL

必然之謎

序

公式鑄就文明天梯

1854 年之前，歐洲數學家燦若星辰，笛卡兒、拉格朗日、牛頓、貝葉斯、拉普拉斯、柯西、傅立葉、伽羅瓦等，無一不是數學天才。

1854—1935 年，高斯、黎曼等人在數學界領袖群倫，德國取代英法成為世界的數學中心。1935 年之後，希特勒給美國送上「科學大禮包」：哥德爾（Kurt Friedrich Gödel）、愛因斯坦、德拜（Peter Debye）、費米（Enrico Fermi）、馮‧卡門（Theodore von Kármán）、外爾⋯⋯很多科學家逃至北美，數學大本營從德國轉向美國，美國成為世界的數學中心。每一次數學中心的交替，都是文明中心的變換，可見，文明造就數學，數學推動文明，兩者相輔相成。

回溯過去，人類自第一次領悟 1+1=2 的原理，便擁有了樸素的數理思維，這也標誌著人類開始搭建文明的階梯。這塊階梯舉足輕重，它是文明的基石。當古人開始用數理知識總結自然規律時，文明的進化便由此啟程。人類從石器時代走進農耕時代，又從工業時代跨入資訊時代，數學是不可或缺的「第一功臣」，而公式則是這位功臣手中最鋒利的劍。人本不過是宇宙中的一粒塵埃，卻能洞見宏大宇宙之真諦。

如果我們將人類視為文明個體，那麼公式則凝聚著人類頂尖的智慧。當人類步履匆匆來到這個宇宙，最終又不得不離去之時，當肉體歸為塵埃，隨風飄散的時候，唯有公式，成了人類文明在宇宙中存在過的見證。

公式是充滿智慧的，同樣也是美的。歐拉公式中的五大常數、混沌定理中飛舞的蝴蝶、斐波那契數列中的黃金螺旋線⋯⋯公式的

美不是外表的繁華與曇花一現，而是內在的永恆。

　　一片落葉飄落，就是一段美妙的函數方程，
　　沒有什麼能比公式更動人地描繪宇宙之美。

　　在剛剛被邀請為此書作序時，我心中頗受觸動！作為一個數學愛好者，深知出版這樣一本書的不易。每一個公式就是一門學科，每一個公式就是一個世界，書中所提及的公式不僅涵蓋代數、群論、數論、微積方程、幾何拓樸學、非歐幾何等多個數學分支，還跨越了力學、熱力學、電磁學、相對論、量子力學、天體物理等自然學科，並囊括了電腦、AI、區塊鏈等前沿領域。

　　《公式之美》用既專業又有趣，既嚴謹又通俗的語言，向我們展示「公式之美」，既要照顧專業，又要普及大眾，非常不容易。

　　在這個越來越浮躁的時代，公式是重塑時代理性最重要的知識之一。只要還有人相信公式鑄就了人類智慧攀升的天梯，就代表文明的天梯可以無限延展下去。

　　　　　北京大學數學科學學院教授，北京數學會理事長　柳彬

心式之美

公式之美

前言

人類的墓誌銘

> 萬物速朽，唯有公式永恆；
>
> 人間虛妄，數學是唯一真理；
>
> 存在即數，0 和 1 統治一切；
>
> 大道至簡，數是最美的語言……

哥廷根是德國薩克森州的一座小城。它占地 120 平方千米，有 13 萬居民。這座小有名氣的「花都」，曾經是數學世界的「麥加」。

哥廷根小城有一個墓園，是科學愛好者眼中的「聖地」。在這小小的墓園裡，長眠著數位優秀科學家。走近這個小世界，人能一瞬間變得安詳、靜穆，不再有任何雜念。

第一次來到哥廷根，穿越萊納河，拜訪雅可比教堂，瞻仰高斯雕塑，本以為已經走進了這座城市的歷史深處，瞭解了它的內心世界 —— 它的沉默和嚴謹讓它站在了 19 世紀的學術巔峰，它的深刻和純粹使它成為 20 世紀的數學莊園。

然而，只有走近這片迴盪著數學餘韻的墓地，看到這些刻著符號的墓碑，讀懂上面的銘文後才明白，為什麼這座面積不足中國香港 1/9 的小城會在科學史上留名，會吸引足足 45 位諾貝爾獎得主在此學習、研究、思考……最後長眠於此。

相比帝王陵寢，這裡的墓碑並不恢宏。然而，只要你認真觀察，你會被一塊塊墓碑上的墓誌銘所震撼。奧托‧哈恩（Otto Hahn）墓碑上的核反應公式，玻恩墓碑上的波函數機率分析，普朗克墓碑上的量子力學常數值……每一道墓誌銘背後，隱藏的都是一段輝煌人生。這些靈魂的偉大難以用文字來描述，每段人生都仰之彌高。唯有由數字、字母組成的極簡符號，即天書一般的公式，才能匹配他們的不朽。

可能有人會質疑，這些數字記號既不能果腹也不能消遣，還有一些公式至今毫無用處，何以經得起如此之高的讚譽？是的，歐拉公式看似完美，實用性卻不強；三體問題爭論百年，至今懸而未決；還有更多公式始終讓人不明所以……但這些貌似「無用」的公式才是人類至寶。

古希臘幾何學家阿波洛尼烏斯總結了圓錐曲線理論，一千多年後，德國天文學家克卜勒才將其應用於行星軌道；高斯被認為最早發現非歐幾何，半個世紀後，由他弟子創立的黎曼幾何成為廣義相對論的數學基礎。伴隨著槓桿原理、牛頓三大定律、馬克士威方程、向農公式、貝葉斯定理等，人類向蒸汽時代、電力時代、資訊時代乃至人工智慧時代徐徐邁進。

此時，雨還在下，墓園十分幽靜，僅有的一座禮堂也被綠蔭遮蔽。沿著綠蔭大道，走到藤蔓茂盛的蓮花池邊，諾貝爾獎得主普朗克、哈恩、海森堡、勞厄（Max von Laue）和溫道斯（Adolf Windaus）的墓碑一字排開，而極具爭議的科學家海森堡只有一塊紀念碑，他曾經的老師玻恩則靠近墓園東南角，似乎不太願意與這位弟子待在一起。此地還有無數先賢和隨行的癡者，同伴試圖找到狄利克雷（Johann Dirichlet，德國數學家）、克萊恩（Oskar Klein，瑞典物理學家）、希爾伯特（David Hilbert，德國數學家）、外爾（Hermann Weyl，德國數學家）和閔可夫斯基（Hermann Minkowski，德國數學

家）的墓碑，但墓碑在林間散落，難以一一辨別。直面每一座墓碑上的公式，聆聽到的都是高維的回聲。雖有綠蔭掩映、雜草共生，但沒有什麼能遮蓋這無與倫比的光芒。

回首人類文明，人類如果在熱寂的宿命裡要給自己建立一座墓碑的話，那墓碑上應該鐫刻些什麼呢？毫無疑問，一定是某個公式。

至於到底是選擇牛頓的萬有引力定律公式，還是量子世界的薛丁格方程；是開創電磁時代的馬克士威方程組，還是洞察宇宙的愛因斯坦質能方程；是接近大統一理論的楊—米爾斯方程，還是放之四海皆準的熵增定律公式，每個人都有自己的答案。但無論是以上哪個公式，它們都會向整個宇宙訴說：在廣袤的宇宙中，有一個位於銀河系邊緣第三旋臂 —— 獵戶臂上的藍色星球，這顆星球上存在的智慧種族，發現了宇宙的規律。

如戰之美

ユエルン

目錄

理論篇

1

1+1=2：數學的溯源

$$1 + 1 = 2$$

數學獨立於時空之外，
在哪個宇宙都是亙古不變的。

從遠古說起

在遠古時期，兩個古埃及人若是在尼羅河捕到了 3 條魚，那會是他們一天中最幸福的時刻。因為在物資極其匱乏的原始部落裡，3 是他們能想到的最大的數字。如果一個數字大於 3，他們的腦袋就會變成一團亂麻，只能回答「許多個」或者「數不清」。

但很快，這兩個古埃及人開始苦惱起來，香氣撲鼻的烤肉味使他們在心中打起了小算盤。兩人偷偷地擺弄起自己的手指計數：每人一條魚，那就是｜和｜，擺在一起顯然是｜｜，那剩下的魚怎麼辦呢？將它帶回去贈給年逾古稀的酋長，還是獻祭給護佑部落的法老，或者直接丟回尼羅河，讓它回歸自己的故鄉？

第 3 條魚宿命如何，我們不知道，但是在分配食物的過程中，祖先在有了「數量」的概念之後，逐漸意識到了 1+1=2，這看似小兒科，卻是人類文明史上極其偉大的時刻。因為在祖先認識到兩數相加得到另一個確定的數時，已經具備了超越其他種族的數學思維，並且發現了「數學」的一個重要的性質 —— 可加性。1+1=2，關於這個公式，它直接涉及的就是加法和自然數[1]。它看似簡單，卻是數學最原始的種子，有了這顆種子，數學這棵樹才開始生根發芽、茁壯成長，直至今天成為人類文明的基石之一。

1 自然數：用以計量事物的件數或表示事物次序的數，即用數碼 0、1、2、3、4…所表示的數。自然數分為偶數和奇數、合數和質數等。

加法和自然數

我們已經無從考證加法究竟產生於何時，但從文字記載中發現，加法和減法運算是人類最早掌握的兩種數學運算。古埃及的阿默斯紙草書中就用向右走的兩條腿「﹨﹨」表示加號，向左走的兩條腿「ㄟㄟ」表示減號。

目前通用的「+」、「-」出現於歐洲的中世紀時期，當時酒商在售出酒後，曾用橫線標出酒桶裡的存酒，而當桶裡的酒增加時，便用豎線把原來畫的橫線劃掉，於是就出現「-」和「+」兩個符號。1630 年以後，「+」作為運算子號得到公認。

自然數比「+」、「-」出現得更早。大約在 1 萬年以前，冰河

退卻的石器時代，馬背上的遊牧狩獵者開始了一種全新的生活，他們從馬背上跳了下來選擇農耕，雖然吟遊詩人一直在歌頌自由的遊獵生活，但那只是表面的風光。實際上，尋找到一塊肥沃的土地定居下來，刀耕火種才能讓一個家吃飽穿暖，繁衍後代。這是一種巨大的改變，與簡單粗暴的掠奪方式不同，他們需要掌握更多的數學知識，記錄季節和日期，計算收成和種子。這讓這群四肢發達的壯漢很是頭疼。

在尼羅河谷、底格裡斯河與幼發拉底河流域，很快就發展起更複雜的農業社會，這群剛進入新時代的農民還遇到了交納租稅的問題。顯然，過去石器部落文化裡總結的「1、2、3」已遠遠不夠用了，人們迫切需要「數」有名稱，而且計數必須更準確。然而，沒有人見過自然數，也沒有人知道它是怎麼排列分布的。

自然數是用以計量事物的件數或表示事物次序的數。它的分布或許是兜兜轉轉一個圈，或許是螺旋交錯纏繞式，或許是放射爆炸發散式……不同的選擇就會有不同的結果。數學最後選擇的是不可逆的直線式的有序體系，如圖 1-1 所示，自然數也有了統一的表現方式。

圖 1-1　自然數

自然數和加法的出現，標誌著人類有了自己的數學「橋頭堡」。從此，人類開啟了智力之路的漫漫長征。

皮亞諾的五條公理

我們都知道 1+1=2，但你是否想過 1+1 為什麼等於 2 ？一旦思考這個問題，就會陷入無窮無盡的煩惱之中 —— 只要涉及本質的追問，人類總是手足無措，就像我們追問宇宙大爆炸中誰是「第一推動力」一樣。

很多人會說，這個公式是無須證明、無須解釋的。但那些真理

的信徒並不認為這是一個好答案，他們熱中於「鑽牛角尖」：憑什麼1+1=2就不需要證明了？

有幾位數學家孜孜不倦地在探索中為我們解答了這一問題。其中，義大利數學家皮亞諾用公理[2]把自然數安放在了數學世界中，用五條公理建立了一階算術系統，可以用來推導出1+1=2這一最簡單的等式。

公理一：0是自然數。

茫茫的數學宇宙裡，從此有了第一個身影——0，如圖1-2所示。

圖1-2　0

公理二：每個確定的自然數 a，都有一個確定的後繼數[3]a'，a'也是自然數。

那麼，這個自然數起點0是怎麼爆發的呢？後繼數會以什麼樣的形式出現？是調皮地圍著0轉，還是偷偷地跑到0的後面，抑或是狠心地留0在那兒？

公理二做出了選擇，讓偌大的數學空間中出現的每個數都擁有一個確定的後繼數陪伴著自己，如圖1-3所示。

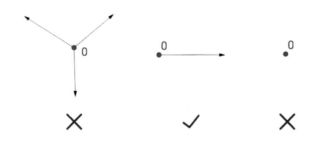

圖1-3　後繼數

公理三：0不是任何自然數的後繼數。

為了避免後繼數不守規矩跑到0的前面，公理3確定了0必須也只能是自然數的第一個數。但是防不勝防，這群後繼數也沒那麼安分；有可能2的後繼數2'=3，也可能3的後繼數3'=3，如圖1-4所示。

2　公理：依據人類理性不證自明的基本事實，經過人類長期反視實踐的考驗，不需要再加證明的基本命題。一個公理不能被其他公理推導出來（除非有冗餘的）。

3　後繼數：緊接某個自然數後面的一個數，如2的後繼數是3，4的後繼數是5。0不是任何自然數的後繼數，每一個確定的自然數都有一個確定的後繼數。

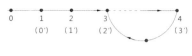

圖 1-4　前後相繼（1）

公理四：不同的自然數有不同的後繼數。

為避免上述情況，公理四定義：如果 n 與 m 均為自然數且 $n \neq m$，那麼 $n' \neq m'$；如果 b、c 均為自然數，且 $b'=c'$，那麼 $b=c$。同一個自然數的後繼數相等，不同自然數的後繼數不相等。這樣，3 就不可能既是 2 的後繼數，也是 3 的後繼數了。但如果出現圖 1-5 中 2.5 這樣的數呢？

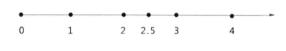

圖 1-5　前後相繼（2）

為了杜絕 2.5 這樣的非自然數出現，公理五出現了。

公理五：假定 P(n) 是自然數的一個性質，如果 P(0) 是真的，且假定 P(n) 是真的，則 P(n') 也是真的，那麼命題對所有自然數都為真。

它還有另外一種表述形式。設 S 是自然數集的一個子集，且滿足：（1）0 屬於 S；（2）如果 n 屬於 S，那麼 n' 也屬於 S，則 S 是包含全體自然數的集合，即 $S=N$。

這裡的說法可能會有點拗口，但皮亞諾是一個頗有潛力的「饒舌歌手」。其實這是數學中的歸納公理，也就是說，如果定義了一個自然數的性質，那麼所有自然數都將滿足這個性質，不滿足的就不是自然數。這樣，我們可以定義自然數系：存在一個自然數系 N，當且僅當這些元素滿足公理 1~5 時，稱其元素為自然數。

然後，定義加法是滿足以下兩種規則的運算：

（1）對於任意自然數 m，$0+m=m$；

（2）對於任意自然數 m 和 n，$n'+m=+(n+m)'$。

這樣，我們就可以證明 1+1=2：

$$1+1=0'+1=(0+1)'=1'=2$$

或者

$$1+1=0'+0'=0''=2$$

因為 1+1 的後繼數是 1 的後繼數的後繼數，即 3； 又因為 2 的後繼數也是 3，根據皮亞諾公理 4，不同自然數的後繼數不同，反之，如果兩個自然數的後繼數相同，那麼這兩個自然數就相等，所以 1+1=2。

這樣，根據皮亞諾五條公理建立起來的皮亞諾一階算術系統，我們就推導出了 1+1=2。

哥德巴赫猜想
另一個「1+1」

如何推導出 1+1=2，數學家在自己的世界裡尋找到了一個相對滿意的答案，雖然有點「自欺欺人」，但總算放下了心裡的一塊石頭。然而，比這個更麻煩的，是解決世間另一個「1+1」，這才是歷代數學家的心頭之痛。哥德巴赫猜想是數學皇冠上一顆可望而不可即的「明珠」，堪稱世界近代三大數學難題之一。

在 18 世紀前後，德國一個富家子弟哥德巴赫厭倦了錦衣玉食的生活，於是在某個失眠的夜晚過後，不顧家人阻攔跑去做了一名中學教師，還從此一發不可收拾地愛上了數學，就連晚上回家休息也在搗鼓阿拉伯數字。他生平最喜歡玩的遊戲是加法運算，而且還在玩加法遊戲的過程中發現了一個規律：任何大於 5 的奇數都是三個質數[4]之和。但令他無奈的是，他雖然發現了這個神秘的數學規律，卻怎樣也無法證明自己的發現。後來，他只能求助於當時數學界的權威人士歐拉。

1742 年 6 月 7 日，哥德巴赫寫信給歐拉，提出任何大於 5 的奇數都是三個質數之和。隨便取一個奇數 77，可寫成三個質數之和，77=53+17+7。再任取一個奇數 461，461=449+7+5，也是三個質數之和；461 還可以寫成 257+199+5，仍然是三個質數之和。

4　質數：又稱素數，有無限個，質數定義為在大於 1 的自然數中，除了 1 和它本身以外不再有其他因數，即除了 1 和它本身，不能被其他自然數整除的數。

沒想到數學家歐拉居然也被這個問題給難住了。1742 年 6 月
30 日，歐拉給哥德巴赫回信：這個命題看來是正確的，但我也給
不出嚴格的證明。為了挽回自己的面子，「狡猾」的歐拉同時還提
出了另一個等價命題：任何一個大於 2 的偶數都是兩個質數之和。

　　這樣一個「任一充分大的偶數，都可以表示為一個質因數個
數不超過 a 個的數，與另一個質因數不超過 b 個的數之和」的命
題，就被記作 $a+b$，哥德巴赫猜想（也稱哥德巴赫—歐拉猜想）
也因此被稱為另一個「1+1」。迄今為止，這個「1+1」只留下一份
如圖 1-6 所示的稀世手稿，而有關它的證明依然在困擾著數學界。

圖 1-6 哥德巴赫猜想手稿

二進制世界裡的 1+1

德國圖林根著名的郭塔王宮圖書館中有一份彌足珍貴的手稿，它的標題為：「1 與 0，一切數字的神奇淵源。這是造物秘密的美妙典範，因為，一切無非都來自上帝。」這是德國天才大師萊布尼茲的手跡，他用異常精煉的描述，展示了一個神奇美妙的數位系統 —— 二進制。他告訴我們：1+1 ≠ 2，在電腦代碼的世界裡，1+1=10。

萊布尼茲在 1697 年還特意為「二進制」設計了一枚銀幣，如圖 1-7 所示，並把它作為新年禮物獻給他的保護人奧古斯特公爵。萊布尼茲設計此銀幣的目的是，以公爵的身分來引起人們對他創立的二進制的關注。

圖 1-7「二進制」銀幣的反面

銀幣正面是威嚴的公爵圖像，幽暗的瞳孔似乎在沉思什麼；反面則刻畫著一則創世故事 —— 水面上籠罩著黑暗，頂部光芒四射……中間部分雕刻的是從 1 到 17 的二進制數學式。

二進制是電腦技術中廣泛採用的一種數制。二進制資料是用 0 和 1 兩個數碼來表示的。它的基數為 2，進位元規則是「逢二進一」，借位規則是「借一當二」。當前的電腦系統使用的基本上都是二進制系統，資料在電腦中主要是以補數[5]的形式存儲的。

可以說，從 20 世紀第三次科技革命爆發以來，人類就進入了

5　補數：在電腦系統中，數值一律用補數來表示和存儲。原因在於，使用補數可以將符號位元和數值域統一處理；同時，加法和減法也可以統一處理。此外，補數與原碼相互轉換，其運算過程是相同的，不需要額外的硬體電路。

電腦時代，我們在虛擬的網路裡遊戲、社交、狂歡。到了 21 世紀，我們開始致力於人工智慧的開發，而這些東西本質上都是由電腦實現的。在未來，完全身處於數位時代的我們，必將被二進制碼籠罩。這個世界，1+1 就只可能等於 2 嗎？

結語
人類文明的「根」

不管是現實生活中簡單易懂的 1+1=2，還是網際網路世界裡的 1+1=10，都以其自身的客觀性和普適性在時間長河裡自證「偉大」。1+1=2 種下了數學的種子，推動了理性世界的基本運轉。它簡潔美妙，無處不在，是人類文明重要的「根」。

Grand Unification Theory

2

畢式定理：數與形的結合

$$a^2 + b^2 = c^2$$

人類歷史上第一次
把「數」與「形」相結合。

勾三股四弦五

　　已知一個直角三角形，兩條直角邊長分別為 3 和 4（圖 2-1），那麼斜邊的長是多少？

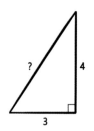

圖 2-1　直角三角形

　　相信你很快就可以得出 5 這個答案，但最早得出這個答案的人，是我們的祖先商高。在西元前 11 世紀，商高搶答了這個問題──「勾三股四弦五」。

　　商高作為周朝的貴公子，不愛占卜觀天，不愛鬥蟋蟀遛馬，整天在屋裡研究數學。周公作為長輩，十分擔憂他悶出病。有一天，周公特意把他叫來，問商高到底在研究什麼，商高答曰：「故折矩以為勾廣三，股修四，徑隅五。」也就是說，直角三角形的兩條直角邊勾和股分別為 3 和 4 個長度單位時，徑隅（弦）為 5 個長度單位。

　　商高在發現了直角三角形的奧妙之後，就沒有再研究下去，錯失了「註冊商標」的千古良機。直到三國時趙爽創制了一幅「勾股圓方圖」，又稱弦圖。他採用數形結合的方法對弦圖進行了詳細注釋，能夠對所有直角三角形都符合勾股定理做出解釋，被視為具有東方特色的勾股定理無字證明法。此時，勾股定理才算真正誕生。

　　再後來，中國另一位數學大家劉徽出世。他是魏晉時自學成才的數學家，《九章算術》最優秀的注釋員，他析理以辭，解體用圖，把各種複雜之物都能夠解釋得透徹清晰。他最突出的成就，是給出了古希臘方法之外第一份對勾股定理有記載的證明。

　　他從三個正方形開始研究，以直角三角形短直角邊（勾）a

為邊的正方形為朱方，以長直角邊（股）b 為邊的正方形為青方。以盈補虛，將朱方與青方並為弦方。由此，依照面積關係可得 $a^2+b^2=c^2$，朱方和青方已在弦方中的一部分可不加處理。此法融匯古人陰陽調和之精髓，稱為出入相補法，又稱割補法，如圖 2-2 所示。

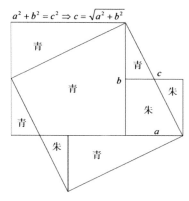

$$a^2 + b^2 = c^2 \Rightarrow c = \sqrt{a^2 + b^2}$$

圖 2-2 出入相補法證明勾股定理

該證明富有中國特色且簡單易懂，之後多次為中國數學家所用。但由於各種因素的限制，較之西方證明的出現，終究是晚了一些。

數學之祖：畢達哥拉斯

第一個成功證明勾股定理者，不是趙爽，也不是劉徽，而是與泰勒斯[1]齊名的數學始祖級人物 —— 畢達哥拉斯。（編注：勾股定理即畢氏定理）

畢達哥拉斯是古希臘著名哲學家、數學家、天文學家，他是歷史上第一個將數學系統化的人，其一生篤信「萬物皆數」。他早年曾遊走四方，在埃及、巴比倫等地遊學，見識廣博，最終定居在義大利南部的克羅托內城，還在此創建了一個神秘組織，歷史上稱為畢達哥拉斯學派。

這是一個研究哲學、數學和自然科學的學派，但同時又是一個有著神秘儀式和嚴格戒律的宗教性教派。該教派主張一夫一妻，允許女子接受教育，參與聽講。一時間，該教派門庭若市，各路

[1] 泰勒斯：約西元前 624—西元前 547 或 546 年，古希臘哲學家、思想家、科學家，是古希臘最早的哲學學派——米利都學派（也稱愛奧尼亞學派）的創始人。

求學問道者紛至遝來。因此教派迅速壯大，引領了克羅托內城的文化與城市生活。

　　某日風雨如晦，教派舉辦晚宴，畢達哥拉斯是晚宴的主角。但畢達哥拉斯吃飯時卻魂不守舍，趁著大家觥籌交錯之時偷偷跑到了宴廳牆角，盯著地板上一塊塊排列規則的方形瓷磚，若有所思。早年在巴比倫學習時，他一直對怎樣證明直角三角形 $a^2+b^2=c^2$ 的問題難以忘懷，或許是因為喝了點酒，他此時靈感迸發，對，就是用演繹法證明！他瞬間眉目舒展，選了一塊瓷磚，以它的對角線為邊，畫了一個正方形，這個正方形的面積恰好等於兩塊瓷磚的面積之和。他再以兩塊瓷磚拼成的矩形的對角線作另一個正方形。最後，他發現這個正方形的面積等於五塊瓷磚的面積和，即分別以 1 倍、2 倍瓷磚邊長為邊的兩個正方形的面積之和，如圖 2-3 所示。

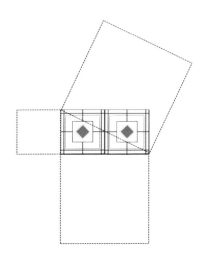

圖 2-3 瓷磚面積和

　　至此，畢達哥拉斯心裡已有了個大膽的假設：對於一切直角三角形來說，$a^2+b^2=c^2$。證明了這一定理，他欣喜若狂，飯也不吃了，直接畫出了一個漂亮的畢達哥拉斯樹，如圖 2-4 所示。

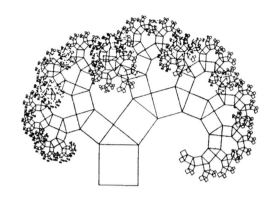

圖 2-4 畢達哥拉斯樹

　　根據基本原理論證某一定理屬於數學的底層思維。在這之後，古希臘人延續著畢達哥拉斯的腳步，發展出了一套史無前例的豐富的公理化推導體系，即西方的文化精髓——形式邏輯。這種思維的登峰造極之作，就是歐幾里德[2]於約西元前 300 年撰寫的《幾何原本》。在此後長達兩千多年的時間裡，此書一直被世界各國奉為數學界的金科玉律。

2　歐幾里德：西元前 330—西元前 275 年，古希臘著名數學家、歐氏幾何學開創者，被稱為「幾何之父」。

如何證明 $a^2+b^2=c^2$ ？

　　中西方都有人發現了 $a^2+b^2=c^2$，按照預設規則，一般以第一個提出定理並證明的人的名字命名，因此國際上更認同將該定理命名為「畢達哥拉斯定理」。遺憾的是，關於畢達哥拉斯具體用什麼演繹法證明其實已無法考證，很多時候只是一種傳說。多數人猜測是用正方形剖分式證明法，《幾何原本》中詳細記載了這一證明方法。

　　選擇兩個相同的正方形，如圖 2-5 所示，令其邊長為 $a+b$，兩個正方形面積一定相等，左邊正方形的面積為 $(a+b)^2$，而右邊正方形的面積可以表示為 $4 \times \frac{1}{2}ab + c^2$。左右兩正方形面積相等，因可得 $(a+b)^2 = 4 \times \frac{1}{2}ab + c^2$，合併化簡後得證 $a^2+b^2=c^2$。

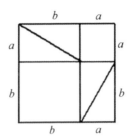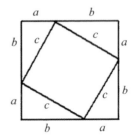

圖 2-5 正方形剖分式證明法

　　再看中國古代趙爽的證明，雖然出現時間較晚，但趙爽創制的勾股圓方圖（圖 2-6）卻獨具匠心。

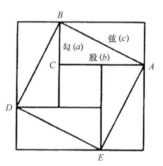

圖 2-6 勾股圓方圖

　　勾股圓方圖中，以弦（c）為邊長，得到了一個正方形 *ABDE*，其由 4 個相等的直角三角形再加上中間的小正方形組成。每個直角三角形的面積為 $\frac{1}{2}ab$；中間的小正方形邊長為 $b-a$，則面積為 $(b-a)^2$。於是便可得如下公式：

$$4 \times \frac{1}{2}ab + (b-a)^2 = c^2$$

化簡後可得：

$$a^2 + b^2 = c^2$$

即

$$c = \sqrt{a^2 + b^2}$$

　　趙爽極富創新意識地用幾何圖形的截、割、拼、補來證明代數式之間的恆等關係，既具嚴密性，又具直觀性，為中國古代以

形證數、形數統一、代數和幾何緊密結合的獨特風格樹立了一個典範。此後，中國數學家大多繼承這一風格並有所發展。例如，魏晉時期的劉徽在證明畢氏定理時也用了以形證數的方法，只是具體圖形的分、合、移、補略有不同。

有關 $a^2+b^2=c^2$ 的嚴格證明方法還有很多，這裡就不再舉例。

<h1 style="text-align:center">無理數³的秘密</h1>

畢達哥拉斯信奉「萬物皆數」，但這裡的數是指有理數。他認為宇宙萬物都應該由有理數來統治，這是教派深信不疑的準則。然而，由畢達哥拉斯建立的「畢達哥拉斯定理」，最終卻讓他成為教派信仰的「掘墓人」。

在這裡，大家可以一起玩個遊戲。我們在一張白紙上畫一個最簡單的直角三角形，使該直角三角形的兩直角邊都為 1，如圖 2-7 所示。

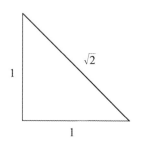

圖 2-7 直角三角形

希帕索斯[4] 按照畢達哥拉斯定理，計算出如圖 2-7 所示的三角形，其斜邊長度應為 $\sqrt{2}$。但現實中，無論如何也無法用整數或分數來表示這一數值，它的長度是 1.41421356…誰都無法清晰地畫出 $\sqrt{2}$ 這條有限長的斜邊的精確模樣，它是一個「無理數」。

一夜之間大廈將傾，風雨欲來。畢氏學派「萬物皆數」的信仰遭到質疑，「一切數均成整數或整數之比」的理論不再成立。畢達哥拉斯為此惱羞成怒，整個教派十分恐慌。最終，教派中名為希帕索斯的弟子因為發現了「無理數」的存在，觸犯了「有理數統治世界」的教規，眾目睽睽之下，被扔到了深海裡活活淹死。

3　無理數：最早由畢達哥拉斯學派的弟子希帕索斯發現，也稱為無限不循環小數，不能寫作兩整數之比。若將它寫成小數形式，小數點之後的數位有無限多個，並且不會迴圈。常見的無理數有非完全平方數的平方根、π 和 e(後兩者均為超越數)等。

4　希帕索斯：生卒年月不詳，畢達哥拉斯的得意門生，發現無理數的第一人。

2
畢式定理：數與形的結合

5 歐氏幾何：又稱
歐幾里德幾何。古希
臘數學家歐幾里德把
人們公認的一些幾何
知識作為定義和公理
（公設），在此基礎上
研究圖形的性質，推
導出一系列定理，組
成演繹體系，寫出
《幾何原本》，形成了
歐氏幾何。按所討論
的圖形在平面上或空
間中，又分別稱為平
面幾何與立體幾何。

但不管怎樣，希帕索斯是世界上第一個發現無理數的人，引發了人類歷史上的第一次數學危機。所有人都在思考，為什麼 $\sqrt{2}$ 客觀存在，卻又沒有辦法準確描述？這個現象完全與「任何量，在任何精確度的範圍內都可以表示成有理數」的常識不符。更糟糕的是，面對這一荒謬現象，當時的人都無計可施。

直到西元前 370 年左右，柏拉圖、歐多克索斯及畢達哥拉斯學派成員阿契塔提出了解決方案，他們給出的定義與所涉及的量是否可公度無關，從而消除了這次危機。在有理數的尊崇地位受到無理數的挑戰之後，人們開始明白了幾何學的某些真理與算術無關，幾何量不能完全由整數及其比來表示；反之，數卻可以由幾何量表示出來。

直覺和經驗不一定靠得住，嚴謹的推理證明才更具說服力。由此，古希臘數學研究方法由計算轉向推理，從不證自明的公理出發，在歐幾里德的帶領下，經過演繹推理建立起了幾何學體系。歐氏幾何[5]成為數學大廈極其重要的基石之一。

畢氏定理適用於球面嗎？

直至今日，我們仍將由歐氏幾何公理推導而出的大批定理奉為圭臬，生活中無處不閃爍著歐氏幾何公理的耀眼光彩。作為最直觀也是應用最多的幾何體系，歐氏幾何非常符合我們的常識。但前面說過，直覺和經驗不一定靠得住，常識也是如此。

假設將一平面直角三角形貼在球面上，如圖 2-8 所示。

圖 2-8 球面上的直角三角形

這時，你會發現畢氏定理完全不成立。相比於平坦的歐氏空間，球面顯然有著自己不同的曲率，這種曲率使包括畢氏定理在內的歐氏幾何定理驟然失效。

三角形內角和不一定等於 180°，在球面上，三角形內角和大於 180°。兩點之間不一定直線最短，在球面上，兩點之間最短的是一條曲線。在地圖上，北京與紐約之間的最短線是一條直線，遵循歐氏幾何；但若在地球儀上，再在北京與紐約之間畫一條線，會發現那是一條曲線，遵循非歐幾何。

歐氏幾何在平坦空間之外的不適用，使數學家創立了與其分庭抗衡的非歐幾何[6]，並發現我們的宇宙不是只有長、寬、高三維，可能還有第四維時空。在這些空間裡，如果想判斷宇宙是否平坦，數學上可以利用畢氏定理，如果不滿足，那麼宇宙就不平坦。愛因斯坦曾做過類似的實驗，並在廣義彎曲空間理論[7]裡提出這樣一個大開腦洞的假設：物理空間是在巨大質量的附近變彎曲的，且質量越大，曲率（curvature）[8]越大。

愛因斯坦為驗證自己的假設，根據光線總是走最短路線的原理，用經緯儀觀測了位於太陽兩側的恆星所發出的光線的夾角，並在太陽離開後再次觀測。如果兩次觀測的結果不同，就證明太陽的質量改變了它周圍空間的曲率，使得光線偏離原路。愛因斯坦的理論計算值為 1.75"。而 1919 年，英國愛丁頓領導的考察隊用三套設備實際觀測到兩顆恆星的角距離，在有太陽和沒有太陽的情況下相差 1.61"±0.30"、1.98"±0.12" 和 1.55"±0.34"。

儘管 1.5" 這個角度並不算大，卻足以證明：太陽的質量確實迫使周圍的空間發生彎曲，這與廣義相對論的假設完全吻合，愛因斯坦因此名聲大噪。

6　非歐幾何：又稱非歐幾里德幾何，指不同於歐幾里德幾何學的幾何體系。一般是指羅巴切夫斯基幾何（雙曲幾何）和黎曼幾何（橢圓幾何）。它們與歐氏幾何最主要的區別在於公理體系中採用了不同的平行公理。

7　廣義彎曲空間理論：時空彎曲效應。愛因斯坦的廣義相對論認為，由於有物質的存在，物質和時間（時空）會發生彎曲，時空彎曲的物理效應表現為萬有引力。

8　曲率：數學上表明曲線在某一點的彎曲程度的數值。針對曲線上某個點的切線方向角對弧長的轉動率，通過微分來定義，表明曲線偏離直線的程度。

2

畢式定理：數與形的結合

39

結語
無理即未知

　　西元前五百多年，勾股定理（畢氏定理）作為人類發現的第一個定理和第一個不定方程，第一次將數學中的「數」與「形」結合在一起，開始把數學由計算與測量的技術轉變為論證與推理的科學。畢氏定理是人類文明史上光彩奪目、永不消逝的明珠。

　　從畢氏定理中推導出來的$\sqrt{2}$，違反了「萬物皆數」的理論，卻造就了基礎數學中最重要的課程 —— 幾何學體系。非歐幾何徹底挑戰了歐氏幾何體系，實現了天文學的根本變革，揭開了彎曲空間的宇宙面紗。

　　在數學的世界裡，無理即未知，未知即未來。

3

費馬大定理：困擾人類 358 年

$$X^n + Y^n \neq Z^n \, (n > 2)$$

一隻下了 358 年金蛋的鵝。

「這裡太小，我寫不下。」費馬這句話猶如塞壬之歌[1]一般，三百多年來蠱惑了無數數學天才，他們義無反顧地向這個定理發起挑戰，但最終都無功而返。

跨越幾個世紀的追尋，從歐拉到高斯，從熱爾曼（Marie-Sophie German）到狄利克雷，從拉梅（Gabriel Lamé）到柯西（Augustin-Louis Cauchy），從庫麥爾（Ernst Eduard Kummer）到里貝特（Ken Ribet），甚至運用超級電腦日夜不停地運算……直到1995年，懷爾斯（Andrew Wiles）站在百葉窗下，翻動《數學年刊》第141卷上最新的兩篇文章——《模形橢圓曲線和費馬大定理》與《某些赫克代數的環理論性質》，冷靜地回味著他對全世界說的話：「讓我們就在這裡結束吧。」

358年的智者接力，到達終點。

數學界第一「民科[2]」費馬

正是這種矛盾的性格，導致他雖然熱愛數學，卻聽了父親的話考了公務員，並且認認真真地當上了大法官，在當時也算光耀門楣，為世人羨慕。但這個大法官並不稱職，他整天研究數學，腦洞大開地發現了各種數學命題，不知道他在這個職位上時，出現過多少次「冤假錯案」。

作為「民科」的費馬，其實是個非常嚴謹的人。他做起題來滴水不漏，論證邏輯也有條不紊。不過他也有一個極大的毛病：不提供任何相應證明，令人看了雲裡霧裡，心癢難耐。同時代的不少人都恨極了費馬的這種姿態，如近代哲學奠基人、數學家笛卡兒就對此憤怒不已，嘲諷費馬是個「牛皮匠」。

而這個「牛皮匠」還真的不是浪得虛名。1637年的某天，他就以玩世不恭的姿態向全世界吹了一個最大的牛。那天午後，在自家小院裡翻看丟番圖（Dióphantosho Alexandreús）著作《算術》的費馬，突發奇想對書中的畢達哥拉斯定理 $x^2+y^2=1^2$ 進行了推廣：

$$x^3+y^3=z^3$$
$$x^4+y^4=z^4$$

……

他發現畢達哥拉斯公式存在著無窮的正整數解，但稍微把公式改一下，就找不出一個正整數解。由此，費馬大膽提出了一個猜想：$x^n+y^n=z^n$，對於大於 2 的整數 n 沒有正整數解。而這個猜想具體如何證明，費馬沒有給出，他在那本《算術》的空白處留下了一句世紀名言：「對此我已經找到了一個絕妙的證明方法，只不過此書空白處太小，我寫不下，就不寫了。」沒想到的是，費馬懶得動筆的小事，日後竟困擾了人類 358 年。

此後，這猜想就像一隻會孵金蛋的鵝，一直從 17 世紀孵到了 20 世紀，直接貫穿了人類近現代數學史，並成功為「民科」費馬贏得了「業餘數學家之王」的稱號。

史上慘澹的三世紀

費馬提出了費馬猜想之後，各路數學高手爭相出手，誰知道證明了一百年也沒有答案。對此，18 世紀的數學巨人歐拉產生了極大的興趣。於是，他把對費馬猜想的證明提上了自己的人生日程。

天才一出手，就知有沒有。很快，歐拉發現了一條隱藏在費馬注記裡的線索，即無窮遞降法[3]。他以無窮遞降法為出發點，成功證明了 n=3 時不存在正整數解，卻無法證明此結論對任何指數 n 都適用。

好在歐拉已取得首次突破，需要繼續做的是證明下面的無限多個方程沒有正整數解：

$$x^4+y^4=z^4$$

$$x^6+y^6=z^6$$

$$x^7+y^7=z^7$$

……

然而，數學家們取得的進展非常緩慢，直到 19 世紀初，女數學家熱爾曼冒險突破時代的性別束縛，才讓費馬猜想重新活躍了起來，證明了當 n 和 2n+1 都是質數時，費馬猜想的反例 x，y，z

3　無窮遞降法：證明方程無解的一種方法。其步驟為：假設方程有解，並設 X 為最小的解。從 X 推出一個更小的解 Y，從而與 X 的最小性相矛盾。所以，方程無解。

至少有一個是 n 的整倍數。

在此基礎上，1825 年，德國數學家狄利克雷證明了 $n=5$ 時費馬猜想成立。緊接著，1839 年，法國數學家拉梅對熱爾曼方法做了進一步改進，並證明了 $n=7$ 的情形。繼歐拉之後，人類終於證明在 $n=5$ 和 $n=7$ 的情況下，費馬猜想是成立的。

1847 年是令人興奮的一年，拉梅和柯西都向科學院遞交了蓋章密封的信封，宣稱完整證明了費馬猜想。這兩個數學家默契地借助了「唯一因數分解」的性質，即對於給定一個數，只有一種可能的質數組合，它們乘起來等於該數。例如，對於數 18 來說，唯一的質數組合是 $18=2×3×3$。不過，這很快被苛刻的庫麥爾發現了一個致命的缺陷，雖然唯一因數分解對實數是正確的，但引進虛數後它就不一定成立了。拉梅和柯西最終慘敗，這是個黑暗的時刻，因為剛剛亮起的曙光又熄滅了。

儘管後來庫麥爾由此提出「理想數」概念，開創了代數數論，並運用獨創的「理想質數」理論證明了費馬猜想對 100 以內除 37、59、67 以外的所有奇數都成立，但是對任一大於 2 的整數 n 成立嗎？

整整兩百多年，每一次數學家試圖重新發現費馬猜想的通用證明都以失敗告終。即使是到 1985 年人類甚至已經發明了超級電腦，證明在 4100 萬次方以下費馬猜想都成立，但那又如何，再在後面加一個 1，那個數字對於費馬猜想是否成立？不知道，這就是費馬猜想的難處。大於 2 的正整數是無窮無盡的，將一個個數進行證明，是如何證明也證明不完的。

就這樣一籌莫展了三個世紀，眾多數學家的熱情也被打擊得消失殆盡了。也許費馬自己也沒有辦法證明，只在那裡瞎吹牛。還是去研究點有實用性的東西吧！單純的數學家們開始學乖了。

大定理和谷山─志村猜想

當大家慢慢忘卻費馬猜想時，一件軼事讓費馬猜想重獲新生。1908 年，富二代保羅‧沃爾夫斯凱爾（Paul Wolfskehl）飽受情傷，決定午夜 12 點自殺，結果寫完遺囑後因無事可做算起了費馬猜想。他這一算錯過了自殺的「良辰吉日」，索性就不自殺了。為了報答這救命之恩，他把身家財產大部分留給了費馬猜想，並宣稱：誰要證明了這一難題，錢全部歸他！

重賞之下，必有智者。20 世紀，又是一股費馬熱浪來襲。當時全世界的數學業餘愛好者和一些妄人都試圖解決這個問題，但很可惜，費馬猜想只是變得越來越著名，而想證明它似乎仍遙遙無期。直到 1997 年，英國數學家懷爾斯教授成功地獲得了獎金，但這已經是幾十年之後的事情了。

說起懷爾斯與費馬猜想的機緣也是有心栽花花不開，無心插柳柳成蔭。無數專門研究數論的大家都沒贏得這個智力遊戲，反而是懷爾斯這個數論裡的外行人最終贏得了勝利。

懷爾斯生平主要研究一種稱為「橢圓曲線」[4] 的學問，有人可能不太理解，費馬猜想和橢圓曲線有什麼關係？以 $X^3+Y^3=Z^3$ 為例，我們可以做這樣的初等變換：

$$x = \frac{12Z}{X+Y}$$

$$y = \frac{36(X-Y)}{X+Y}$$

將上式代入費馬方程得

$$y^2=x^3-432$$

瞧，這一下就變成了橢圓曲線！現在，我們知道原來的方程沒有非平凡解（所謂平凡解，就是允許 X，Y，Z 其中一個數是 0），所以這相當於說上面的橢圓曲線方程只有顯然的有理數解 $(12,36)$ 和 $(12,-36)$。

但熟悉橢圓曲線和費馬猜想的轉換僅僅是一張「入場券」，這點歐拉和高斯早已各自提供了證明方法。關鍵還在於如何證明橢

4 橢圓曲線：數學中性質極其豐富的一類幾何對象，它深刻聯繫了數學的各個分支，與著名的費馬猜想有著密切聯繫。

3
費馬大定理：困擾人類 358 年

5 模形式：某種數論中用到的週期性全純函數。

6 谷山—志村猜想：1955 年在東京舉行的一個學術會議上，日本青年數學家谷山豐和志村五郎提出了一個橢圓方程的模形式化猜想。一個橢圓方程的 E- 序列一定和一個模形式的 M- 序列完全對應。

圓曲線和模形式[5]之間是一一對應的關係，反過來間接地證明費馬猜想。由此，證明谷山—志村猜想[6]成了證明費馬猜想的關鍵一環。

其實早在 1985 年，數學家弗雷就曾指出「谷山—志村猜想」和費馬大定理之間的關係。他提出：假定費馬猜想不成立，即存在一組非零整數 a、b、c 使得 $a^n+b^n=c^n$(n>2)，那麼用這組數構造出的形如 $y^2=x(x+a^n)(x-b^n)$ 的橢圓曲線不可能是模曲線。弗雷命題和組非零整谷山—志村猜想矛盾，但如果能同時證明這兩個命題，根據反證法就可以知道費馬猜想不成立，這一假定是錯誤的，從而證明費馬猜想。1986 年，肯・里貝特成功證明了弗雷命題，但他像大多數人那樣悲觀地認為自己無論如何也無法攻克谷山—志村猜想。

樂天派懷爾斯恐怕是地球上少數敢在白天做夢的人。他看里貝特已經證明了弗雷命題，認為這已經到了攻克費馬定理的最後階段了。重要的是，這還恰好是他的研究領域。他二話不說把自己關在小黑屋裡八年，專心孵化這顆世上最難孵的金蛋。

踩在巨人的肩膀上，懷爾斯先機智地把歐拉、熱爾曼、柯西、拉梅、庫麥爾等人的工作全研究了一遍，然後展開題海戰術，把橢圓曲線和模形式所有的既有研究成果複習了一番。最終，他巧妙地利用了 19 世紀悲劇天才伽羅瓦的群論作為證明谷山—志村猜想的基礎，突破性地將橢圓方程拆解成無限多個項，證明了每一個橢圓方程的第一項可以與一個模形式的第一項配對。

1991 年夏天，懷爾斯將當時最前沿的科利瓦金—弗萊切方法應用於各種橢圓方程的求解之中，證明了更新、更大族的橢圓曲線也一定可模形式化。沿著這一思路，懷爾斯認為自己解決了費馬猜想，並把這個消息公之於眾。聽聞費馬猜想被證明，全世界都為之沸騰。但在最後的論文審核時，數學家凱茲指出證明中關於歐拉系的構造有嚴重缺陷，這是證明中的一個大漏洞。以為自己可以就此休息的懷爾斯只好思考用其他方法來解決這個漏洞。1994 年 9 月，懷爾斯想起了自己當初先用岩澤理論未能突破，而後才用科利瓦金—弗萊切方法試圖解決這一問題。既然單靠其中

某一種方法不足以解決問題，那何不將兩者結合起來試試？問題解法就是這樣，岩澤理論與科利瓦金—弗萊切方法結合在一起可以完美地互相補足，再也沒有任何漏洞了。

當所有人都認為懷爾斯不可能證明費馬猜想時，懷爾斯最終絕地逢生。1995 年，他終於證明了谷山—志村猜想和困惑了世間智者 358 年的費馬猜想。

橢圓曲線加密法
費馬大定理最成功的金蛋

三百多年的跌跌撞撞，走走停停，懷爾斯最終結束了數學史上這場最為漫長的接力賽。看著費馬猜想被證明，終於可以被稱為費馬大定理，最不開心的恐怕是 19 世紀「數學界的無冕之王」希爾伯特（David Hilbert）[7] 了。當他還在世時，有人問他為什麼不證明費馬猜想，他曾反問：「為什麼要幹掉那只下金蛋的老母雞呢？」在他看來，費馬猜想為人類數學界立下了汗馬功勞，很多數學家在證明費馬猜想時創立了許多新的數學理論。現在懷爾斯這個「兇手」幹掉了這只「母雞」，不知道希爾伯特作何感想。

其實希爾伯特也不用傷心，因為這只「母雞」即使被證明了，到今天也仍能孵蛋。其中，橢圓曲線就是那顆「金蛋」。2008 年，費馬大定理在非對稱加密領域再現神蹟。密碼學龐克們將「橢圓曲線加密法」（Elliptic Curve Cryptography，ECC）應用於比特幣，使比特幣成為數學上牢不可破的「數位黃金」，開創了密碼安全史上的新篇章。

作為一種非對稱加密技術，ECC 利用橢圓曲線等式的特殊性質來產生金鑰，而不是採用傳統的方法，即利用大質數的積來產生。相比之下，基於大整數因數分解[8] 問題的 RSA 演算法[9]，有

7　希爾伯特：1862—1943 年，德國著名數學家，主要研究了不變數理論、代數數域理論、幾何基礎、積分方程、物理學、一般數學基礎等，並在對積分方程的研究中提出了著名的「希爾伯特空間」。同時，他還是一位正直的科學家，在第一次世界大戰、第二次世界大戰中均公開反對戰爭。

8　大整數因數分解：在數學中又稱質因數分解，是將一個正整數寫成幾個約數的乘積。例如，給出 45 這個數，它可以分解成 9×5。根據算術基本定理，這樣的分解結果應該是獨一無二的。這個問題在代數學、密碼學、計算複雜性理論和量子電腦等領域中有重要意義。

9　RSA 演算法：一種非對稱加密演算法，在公開金鑰加密和電子商業中被廣泛使用。1977 年，該演算法由羅奈爾得．李維斯特（Ron Rivest）、阿迪．薩莫爾（Adi Shamir）和倫納德．阿德曼（Leonard Adleman）一起提出。對極大整數做因數分解的難度，決定了 RSA 演算法的可靠性。換言之，對極大整數做因數分解越困難，RSA 演算法越可靠。

著單位長度較長、計算效率低等缺點；而作為因數的兩個質數若長度越短，被反破解的可能就越大。另外，黎曼猜想一旦得證，還可能派生出攻擊 RSA 公開金鑰加密演算法的規律。

而 ECC 克服了 RSA 演算法的一些缺陷，它的運行機制非常巧妙，將加密問題轉換為橢圓曲線方程在有限域中的阿貝爾群[10]，從而利用群論中阿貝爾群計算問題，採取公私密金鑰和雙金鑰相結合的方式進行加密或解密。

橢圓曲線通常用 E 表示，常用於密碼系統的基於有限域 $GF(p)$ 上的橢圓曲線是由方程：

$$y^2=x^3+ax+b(\mathrm{mod}\,p)$$

所確定的所有點 (x,y) 組成的集合，外加一個無窮遠點 O。其中 a，b，x，y 均在 $GF(p)$ 上取值，且有 $4a^3+27b^2 \neq 0$，p 是大於 3 的質數。通常用 $Ep(a,b)$ 來表示這類曲線。

對比常見的橢圓曲線方程 $y^2=x^3+ax+b$，會看到這只是對原式進行了簡單的取模處理，但以橢圓曲線 $y^2=x^3-x+1$ 的圖像為例，圖 3-1 是 $y^2=x^3-x+1$ 在實數域上的橢圓曲線。

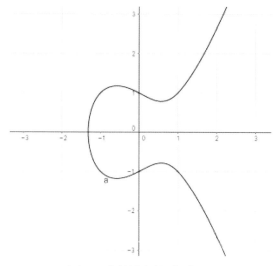

圖 3-1 實數域上的 $y^2=x^3-x+1$

圖 3-2 則是橢圓曲線 $y^2=x^3-x+1$ 對質數 97 取模後的圖像。

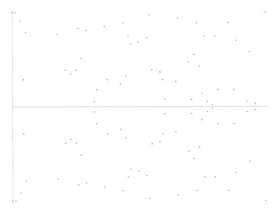

圖 3-2 取模後的 $y^2=x^3-x+1$

顯然，相比於圖 3-1，會發現引入有限域上的橢圓曲線圖 3-2基本已面目全非，原本連續光滑曲線上的無限個點變成了離散的點，不過依然可以看到它是關於某條水準直線 $y=\dfrac{97}{2}$ 對稱的。而這正符合密碼學所要求的有限點和精確性。

目前，尚不存在多項式時間[11]演算法求解橢圓曲線上的離散對數[12]問題，因而建立在求解離散對數問題困難性上的橢圓曲線密碼體系（ECC）安全性極高，其地位已逐步取代 RSA 等其他密碼體系，成為密碼學的新生巨星，是日後非常重要的主要公開金鑰加密技術。

11 多項式時間：在計算複雜度理論中，指的是一個問題的計算時間 {\displaystyle m(n)} 不大於問題大小 {\displaystylen} 的多項式倍數。任何抽象機器都擁有一複雜度類，此類包括以多項式時間演算法求解的問題。

12 離散對數：在整數中，是一種基於同餘運算和原根的對數運算。而在實數中，對數的定義 $\log_b a$ 是指對於給定的 a 和 b，有一個數 x，使得 $b_x=a$。相同地，在任何群 G 中可為所有整數 k 定義一個冪數 b_x，而離散對數 $\log b a$ 是指使得 $b_x=a$ 的整數 k。

結語
358 年孵蛋的意義

數學家們花了幾百年證明費馬大定理有意義嗎？

多少世紀以來，不斷有數學家向「不可能」的費馬大定理發出戰書，有的因為能力有限早早放棄，有的傾其一生也只看清一鱗半爪，最終連萬能的電腦也無可奈何。

在這個過程中，很多人都知道，也許一年又一年地耗下去依然得不到一個結果，成千上萬個方程可能也得不出一個解，但他

13 莫德爾猜想(Mordell conjecture)：於1984年被法爾廷斯（Faltings, G.）證明，是關於算術曲線有理點的重要猜想。具體地說，設 k 為有理數域的有限擴張，C 為 k 上射影光滑（代數）曲線，若 C 的虧格大於 1，則 C 只有有限多個 k 點（座標在 k 中的點）。

們最終還是向永恆發起了挑戰，即使電腦已宣佈放棄，這些人依然覺得自己可以解決這個難題，這就是人類的堅強和韌性。

回望這三百多年，人類每一次都用盡全力地追尋，雖然未能抵達終點，卻擴充了「整數」的概念，擴展了「無窮遞降法」、虛數和群論的應用，催生出庫麥爾的「理想數論」，促成了莫德爾猜想[13]，證明了谷山—志村猜想，加深了對橢圓方程的研究，找到了微分幾何在數論上的生長點，發現了科利瓦金—弗萊切方法與伊娃沙娃理論的結合點，推動了數學的整體發展……

一部波瀾壯闊的數學史由此徐徐展開，這是一場智者征服世間奧秘的接力賽，而信仰和追尋就是這場接力賽的最大意義。畢竟，正是因為有了一群仰望星空的人，人類才有了希望。

4

牛頓—萊布尼茲公式：無窮小的秘密

$$\int_a^b f(x)\, dx = F(b) - F(a)$$

如果沒有微積分，
英國的工業革命會推遲至少 200 年。

從芝諾的烏龜講起

　　自芝諾提出著名的悖論以來，連續運動的問題一直讓世人困惑不已。

　　西元前 464 年，小短腿的芝諾烏龜到底是怎麼跑贏了速度有它 10 倍的海神之子阿基里斯[1]？這場實力懸殊的競賽，芝諾烏龜提前奔跑 100m，如圖 4-1 所示，當阿基里斯追到 100m 時，芝諾烏龜已經向前爬了 10m；阿基里斯繼續追，而當他追完芝諾烏龜爬的 10m 時，芝諾烏龜又已經向前爬了 1m；阿基里斯只能再追向前面的 1m，可芝諾烏龜又已經向前爬了 $\frac{1}{10}$。就這樣，芝諾烏龜總能與阿基里斯保持一定距離，不管這個距離有多小，但只要芝諾烏龜不停地奮力向前爬，阿基里斯就永遠也追不上芝諾烏龜！最終，海神之子還是輸給了芝諾烏龜。

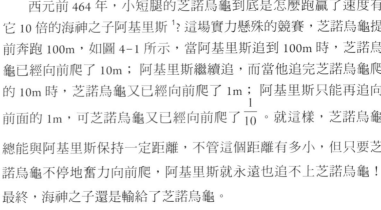

圖 4-1 芝諾烏龜與阿基里斯賽跑圖

　　芝諾烏龜也從此聲名大噪，無人匹敵。儘管在現實世界中，

1　阿基里斯：荷馬史詩《伊利亞特》中描繪特洛伊戰爭第十年參戰的半神英雄。海洋女神忒提斯（Thetis）和英雄珀琉斯（Peleus）之子。

這只烏龜看起來蠻不講理，因為隨便拉來一隻烏龜，無論它跑多遠，6歲小兒都能追上它。而且，隨便建立一個簡單的方程 $t = \dfrac{s}{v_1 - v_2}$ ，還能求出阿基里斯追上芝諾烏龜的時間。

但在數學上，為什麼「證明」不了快跑者能追得上慢跑者？芝諾提出這個悖論，原本是想在「二分法」後補充說明運動是一種假像，假如承認有運動，而速度最快的永遠都追不上速度最慢的，多麼可笑？

這個芝諾烏龜悖論以空間、時間的無限可分為基礎。阿基里斯在追上芝諾烏龜前必須走到空間的一半，在此之前，阿基里斯又必須先到達這一半的一半，如此類推，一直分割以至無窮，在出發點處就會出現一個無窮小量。而當阿基里斯花費 t 時間到達第2個出發點時，芝諾烏龜又前進了，留下一段新的空間。一次次追趕，時間被無限分割，每次所花時間越來越短，最後也變成了一個無窮小量。

按實踐經驗，這個無窮小量應該為0，因為只有這樣，運動才能從起點開始，阿基里斯才能追上芝諾烏龜。但這個無窮小量又不能為0，因為無窮個0怎麼可能構成一段距離或時間呢？所以，空間與時間究竟能不能無限可分？無窮小量到底能不能等於0？

這樣一個哲學矛盾，成就了數學上的一個著名悖論。也許芝諾本意並非想要找數學的茬，但不管有心無心，他的悖論都在數學王國中掀起了一場軒然大波，讓人們開始追究起數學的嚴謹性，甚至質疑起了數學的內部邏輯。

牛頓─萊布尼茲公式

那麼，阿基里斯是不是永遠都追不上芝諾烏龜？當然不是。

芝諾狡猾地把時間和空間一直分割了下去，假裝完美地證明了運動不存在。

他強行忽略了阿基里斯追芝諾烏龜的距離雖然有無限多個，但它們的「和」是一個有限的、確定的距離。相應地，他所用的

2 微分：設函數 $y=f(x)$ 在區間 I 上有定義，對於 I 內一點 x_0，當 x_0 有一個增量 Δx（$x_0+\Delta x$ 也在 I 內時），如果函數值的增量 $\Delta y=f(x_0+\Delta x)-f(x_0)$ 可以表示成 $\Delta y=A\Delta x+o(\Delta x)$，其中 A 是不依賴於 Δx 的常數，$o(\Delta x)$ 是 Δx 的高階無窮小量（o 讀作奧秘克戎，希臘字母），則稱函數 f 在點 x_0 處可微，$A\Delta x$ 稱為函數 f 在點 x_0 相應於因變數增量 Δy 的微分，記作 dy，$dy=A\Delta x$，此時一般也記為 $dy=Adx$。

3 積分：分為定積分和不定積分兩種。直觀地說，對於一個給定的正實值函數，一個實數區間上的定積分可以理解為在座標平面上，由曲線、直線及軸圍成的曲邊梯形的面積值（是一種確定的實數值）。而求不定積分則是給定一個函數，求該函數的所有原函數的過程。

時間間隔雖然也有無限多個，但「和」也是確定、有限的一段時間，現實中的阿基里斯總是在短時間內就追上了那只慢吞吞的烏龜。

這就是現代數學的微分[2]與積分[3]（主要是定積分）。

將時間和空間（距離）無限分割，無疑體現了無窮小量的思想，即微分的思想。而將這無限個小段以一定形式求和，得出一個確定的值，體現的恰好是定積分的定義。從這個角度，我們可以說，對於芝諾烏龜悖論，芝諾只微分了，卻沒有積分。

微分和積分在歷史上很長一段時間裡是涇渭分明的兩個領域，彼此毫無瓜葛。被芝諾這只「詭異」的烏龜刺激後，數學家們曾經前赴後繼，苦苦鑽研了無窮小量許久，但直到牛頓—萊布尼茲公式的出現，他們才真正把微分和積分聯繫起來。

這個以兩位數學大師共同命名的公式，具體定義如下。

若函數 $f(x)$ 在區間 $[a,b]$ 上連續，且存在原函數 $F(x)$，則 $\int_a^b f(x)dx = F(b)-F(a)$。乍看平平無奇，可它卻被譽為「微積分基本定理」。

在這個基本定理中，原函數與導數[4]（又名微商）有著莫大的淵源。在古典微積分世界裡，微分是無窮小量的縮影，而導數則由兩個無窮小量的比值幻化而成：$\dfrac{dy}{dx}$。函數 $y=f(x)$，dy 是 y 的微分，dx 是 x 的微分，這也是導數被稱為微分之商（微商）的緣由。幾何圖形對應的函數圖像在某一點的導數是該函數圖像在該點切線的斜率，如圖 4-2 所示。

4 導數：當函數 $y=f(x)$ 的自變數 x 在一點 x_0 上產生一個增量 Δx 時，函數值的增量 Δy 與自變數增量 Δx 的比值在 Δx 趨於 0 時的極限如果存在且為 a，a 即為在 x_0 處的導數，記作 $f'(x_0)$ 或 $df(x_0)/dx$。

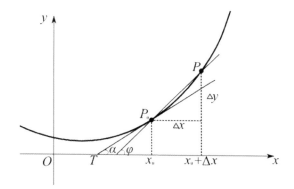

圖 4-2 導數與切線

簡單來說，對導數 $f(x)$ 進行一個逆運算，就是求原函數 $F(x)$。

對於一個定義在某區間的已知函數 $f(x)$ 來說，如果存在可導函數 $F(x)$，使在該區間內的任一點都有 $dF(x)=f(x)dx$，則在該區間內就稱函數 $F(x)$ 為函數 $f(x)$ 的原函數。

已知導數 $f(x)$，求原函數 $F(x)$，用微積分中的專業術語來說，就是求不定積分。不定積分與原函數是總體與個體的關係，若 $F(x)$ 是 $f(x)$ 的一個原函數，$f(x)$ 的不定積分就是一簇導數等於 $f(x)$ 的原函數 $F(x)$，即一個函數族 $\{F(x)+C\}$，其中 C 是任意常數。

不定積分是原函數的一個集合。定積分是求函數 $f(x)$ 在區間 $[a,b]$ 上的圖像包圍的面積，它是給定區間上一種積分求和的極限，得出的結果是一個確定的數值。

不定積分與定積分原本毫不相干，但通過牛頓—萊布尼茲公式，當 $f(x)$ 的原函數存在時，定積分的計算也可以轉化為求 $f(x)$ 的不定積分，即 $\int_a^b f(x)dx = F(b) - F(a)$。

至此，不定積分為解決求導和微分的逆運算而提出，而牛頓—萊布尼茲公式又將定積分和不定積分連接了起來，打開了一個連續變化的數量世界，將微分與積分統一了起來，揭示了微分與積分的基本關係：在一定程度上，微分與積分互為逆運算。

微積分誕生，並由此正式形成了一個完整體系，成為數學帝國裡的一門真正學科。懊惱的阿基里斯也總算是攻破了時空連續性，追上了芝諾這只笨拙的烏龜。

誰是微積分之父？

恩格斯曾把 17 世紀下半葉微積分的發現視為人類精神的最高勝利，但對於微積分這片數學新大陸的發現者，數學界在很長一段時間裡都一直爭論不休。畢竟微積分讓數學徹底掌握了連續變化的概念，而整個近現代科學都是關於變化的科學，發現微積分的功勞可不僅僅是讓阿基里斯追上了芝諾烏龜這麼簡單。

微積分基本定理又稱牛頓—萊布尼茲公式，以兩人的大名命名，莫非是這兩人一起發現了微積分？現實世界中的牛頓只比萊布尼茲大了三歲，兩人一開始的確惺惺相惜，畢竟在 17 世紀找到和自己同等智商並能對話的人，對他們兩個人來說都不容易。這兩人一開始隔著英吉利海峽鴻雁傳書，在計算與邏輯的世界裡交流得面紅耳赤，在數學公式的相互解析裡爭論得高潮迭起。極少吹捧別人的牛頓稱讚萊布尼茲「對數學的理解超越了同時代」，而萊布尼茲則稱讚牛頓「從創世到現在全部數學中，牛頓的工作超過了一半」。

但好景不長，微積分的出現讓 17 世紀兩個偉大的科學家反目成仇，成為一生大敵。1684 年，萊布尼茲發表論文闡述了新的概念——微積分，牛頓知道這個新的概念背後隱藏著多大的威力。而據他自己解釋，他早在幾年前就完整搭建好了微積分世界，只是怕被恥笑，所以一直沒有率先發表。這麼重要的成就眼看就要被萊布尼茲搶走，牛頓利用自己的權力施展各種手段打壓萊布尼茲。雖然萊布尼茲被稱為「百科全書」式的偉人，智商高過阿爾卑斯山，但在玩權術的「手段」上遠不是牛頓的對手。在那場微積分的世紀大戰中，偉大的萊布尼茲曾一度被認為是騙子、小偷、盜竊犯的代名詞。牛頓的下半生，除了鑽研神學、沉迷「點石成金」之術外，唯一的愛好就是欺負萊布尼茲。

1716 年 11 月 14 日，萊布尼茲因痛風逝世在秘書和車夫面前。那一天，牛頓正在倫敦莊園裡享受煙薰火燎的煉金樂趣，並沒有意識到西方有巨星隕落。

歷史總是最優秀的見證人，時間總是最公正的裁判者。一時

的毀譽，姑且當作妄言。如今數學界已將牛頓和萊布尼茲同樣視為微積分的發現人，並認為兩人的發現彼此獨立，不存在互相借鑑的情況，因為兩人其實是從不同角度發現提出的。牛頓的發現是為了解決運動問題，其先有導數概念，後有積分概念；而萊布尼茲受哲學思想的影響，從幾何學角度出發，先有積分概念，後有導數。兩人實則殊途同歸。

這一對冤家，不管他們生前多麼不和，死後都被牛頓—萊布尼茲公式牢牢綁在了一起，再也無法分開。牛頓遺留的手稿的確證明了他更早發現了微積分，但大學課本上依舊沿用著萊布尼茲的微積分符號體系。誰是微積分之父已經不重要，重要的是兩人的偉大成果共同為人類所享用，給數學帶來了一場偉大革命，推動著啟蒙時代的學者們構建起了現代科學體系。

幽靈無窮小
第二次數學危機

「對於數學，嚴格性不是一切，但是沒有了嚴格性，就沒有了一切。」牛頓一生好鬥，幾乎從未輸過，但他未曾料到，在他逝世後竟有人乘機揪起了他的「嚴格性」小辮子。1734 年，英國大主教柏克萊（George Berkeley）寫了一本書，對當時的微積分一連發出 67 問，直搗微積分的基礎，攻擊的對象正是無窮小量在解釋上所帶來的致命「嚴格性」缺陷。

在古典世界裡，牛頓他們賦予了導數和微分一種直觀通俗的意義，導數是兩個微小變數的比值：$\dfrac{\mathrm{d}y}{\mathrm{d}x}$，$\mathrm{d}y$ 和 $\mathrm{d}x$ 都是無窮小量。例如，在求函數 $y=x^2$ 的導數時，計算如下：

$$\frac{\mathrm{d}}{\mathrm{d}x}(x^2) = \frac{f(x+\mathrm{d}x)-f(x)}{\mathrm{d}x}$$

$$= \frac{(x+\mathrm{d}x)^2 - x^2}{\mathrm{d}x}$$

$$= \frac{x^2 + 2x\mathrm{d}x + \mathrm{d}x^2 - x^2}{\mathrm{d}x}$$

$$= \frac{2x\mathrm{d}x + \mathrm{d}x^2}{\mathrm{d}x}$$

$$= 2x + \mathrm{d}x$$

$$= 2x$$

　　虔誠的基督徒柏克萊毫不客氣地諷刺牛頓在處理無窮小量時簡直是睜眼說瞎話，第一步，把無窮小量 $\mathrm{d}x$ 當作分母進行除法（分母不能為 0），並將分母 $\mathrm{d}x$ 約分；第二步，又把無窮小量 $\mathrm{d}x$ 看作 0，以去掉那些包含它的項，$+\mathrm{d}x$ 中的 $\mathrm{d}x$ 被直接忽略了。

　　所以，無窮小量究竟是不是 0？

　　一會兒為 0，一會兒又不能為 0，這不是前後矛盾嗎？不僅如此，在當時的人看來，無窮小量比任何大於 0 的數都小，卻不是 0，這不是違背了阿基米德公理嗎？

　　阿基米德公理又稱為阿基米德性質，也稱實數公理，是個關於實數性質的基本原理。如果阿基米德公理是錯的，那麼整個數學界大概都無法建立。其定義為：對任一正數 ε，有自然數 n 滿足 $\frac{1}{n} < \varepsilon$。而無窮小量的解釋似乎是在闡述「不存在自然數 n 滿足 $\frac{1}{n} < \varepsilon$」。

　　這樣一個被人詬病的無窮小量，真的能支撐起微積分這項偉大的成果嗎？這個矛盾，史稱「柏克萊悖論」，當時不少學者其實也認識到了無窮小量帶來的麻煩。但是，這樣一個悖論，不僅牛頓解釋不清，萊布尼茲解釋不清，整個數學界也沒人能解釋得清。這樣一個人為的概念，使得數學的基本對象 —— 實數結構 —— 變得混亂，數學界和哲學界甚至為此引發了長達一個半世紀的爭論，它造成了第二次數學危機。

　　現代理論的特點之一就是「敘述邏輯清晰，概念內涵明確，不能有含糊，」而微積分的誕生並不是嚴格按照「邏輯線路」線性發

展，而是通過實際應用歸納推理產生的，這就很難經得起演繹推理的邏輯推敲。所以，在牛頓和萊布尼茲之後，數學家們為此做出了無數努力，最終由柯西和魏爾斯特拉斯等人解決了這個問題。

解決辦法就是，拋卻微分的古典意義，基於極限的概念，重新建立了微積分。

19 世紀，法國數學家柯西確立了以極限理論為基礎的現代數學分析體系，用現代極限理論說明了導數的本質，他將導數明確定義為一個極限運算式。

設函數 $y=f(x)$ 在點 f_0 的某鄰域內有定義，令 $x=x_0+\Delta x$，$\Delta y=$ f$(x_0+\Delta x)$-f$(x0)$。 若 極 限 $\lim\limits_{\Delta x \to 0}\dfrac{\Delta y}{\Delta x}=\lim\limits_{\Delta x \to 0}\dfrac{f(x_0+\Delta x)-f(x_0)}{\Delta x}=f'(x_0)$ 存在且有限，則稱函數 $y=f(x)$ 在點 x_0 處可導，並稱該極限為函數 $y=f(x)$ 在點 x_0 處的導數，記作 $f'(x_0)$；否則，則稱函數 $y=f(x)$ 在點 x_0 處不可導。

極限的概念使數學家們對無窮小量的爭議逐漸偃旗息鼓。直觀、通俗的古典微分定義也被重新詮釋，它不再局限於微小變數，在極限助攻下成了一個線性函數，用來表達函數的變化意義。不過也有人抨擊極限 lim 的模棱兩可，但當「現代分析學之父」魏爾斯特拉斯用 $\varepsilon-\delta$ 語言一舉克服了「limit 困難」後，那些質疑的聲音也都不再具有任何威懾力。

魏爾斯特拉斯為極限量身打造了一套精確完美的定義。設函數 $f(x)$ 在 x_0 的某個「去心鄰域[5]」內有定義，則任意給定一個 $\varepsilon>0$，存在一個 $\delta>0$，使得當 $0<|x-x_0|<\delta$ 時，不等式 $|f(x)-A|<\varepsilon$ 都成立，則稱 A 是函數 $f(x)$ 當 x 趨於 x_0 時的極限，記成：

$$\lim_{x \to x_0} f(x) = A$$

至此，第二次數學危機圓滿度過。

那個一心想推翻整個微積分理論的頑固主教柏克萊，無論如何也想不到自己最終卻促進了數學理論的發展，微積分也由此穩坐數學界的「霸主」地位。

5 去心鄰域：在 a 的鄰域中去掉 a 的數的集合，應用於高等數學。在拓樸學中，設 A 是拓樸空間 (X,τ) 的一個子集，點 $x \in A$。如果存在集合 U，滿足 U 是開集，即 $U \in \tau$，點 $x \in U$，U 是 A 的子集，則稱點 x 是 A 的一個內點，並稱 A 是點 x 的一個鄰域。

4
牛頓—萊布尼茲公式：無窮小的秘密

結語
偉大的數學革命

關於微積分的爭奪戰早已成為過眼雲煙，但整個數學界和自然科學界的戰火卻從未停止，傳說依然還在！

17 世紀後，我們用微積分推廣出了卷積[6]、疊積的概念，從此有了無線電。19 世紀初，我們用微積分發明了傅立葉級數[7]、傅立葉變換[8]等概念，從此有了現代電子技術和通信技術。隨後，我們又用微積分發明了拉普拉斯變換[9]，從此有了控制工程[10]。

甚至連萊布尼茲都曾向他的保護人公爵夫人蘇菲這樣描述過微分方程：「我的女王，無窮小的用處無限廣闊，我們可以用它來計算飄零落葉的軌跡，計算萊茵河畔豎琴聲的和諧振動，計算你影子在夕陽下彎曲的度數……」

無論是在數學、工程，還是化學、物理、生物、金融、現代資訊技術等領域，微積分一直風光無兩，它是現代科學的基礎，是促進科技發展的工具。自從人類能夠操控這把「刀」之後，數學史上無數難題被一斬而斷。用微積分的方法推導演繹出的各種新公式、新定理，促成了後來一場場科學和技術領域的革命。

6 卷積：分析數學中一種重要的運算。在泛函分析中，卷積是通過兩個函數 f 和 g 生成第三個函數的一種數學算子。

7 傅立葉級數：法國數學家傅立葉發現，任何週期函數都可以用正弦函數和餘弦函數構成的無窮級數來表示，後世稱傅立葉級數為一種特殊的三角級數。根據歐拉公式，三角函數又能化成指數形式，也稱傅立葉級數為一種指數級數。

8 傅立葉變換：一種分析信號的方法，它可以分析信號的成分，也可用這些成分合成信號。許多波形可作為信號的成分，如正弦波、方波、鋸齒波等，傅立葉變換用正弦波作為信號的成分。

9 拉普拉斯變換：工程數學中常用的一種積分變換，又稱拉氏變換。其在許多工程技術和科學研究領域中都有廣泛應用，特別是在力學系統、電學系統、自動控制系統、可靠性系統及隨機服務系統等系統科學中都起著重要作用。

10 控制工程：一門處理自動控制系統各種工程實現問題的綜合性工程技術，包括對自動控制系統提出要求（規定指標）、設計、構造、運行、分析、檢驗等過程。它是在電氣工程和機械工程的基礎上發展起來的。

5

萬有引力：從混沌到光明

$$F = \frac{G m_1 m_2}{R^2}$$

天不生牛頓，萬古如長夜。

$$\frac{Gm_1m_2}{R^2}$$

3hNVtkel47dmtn

天地玄黃，宇宙洪荒，日月盈昃，辰宿列張⋯⋯在牛頓之前，人類認為這一切都掌控在神的手中；而牛頓之後，人類才知道，天地之間存在萬有引力，它可以解釋星辰運轉。

宇宙和萬物找到了統一規律，物理學第一次達到了真正的統一。所以有人說：道法自然，久藏玄冥；天降牛頓，萬物生明。而後，以牛頓為代表的機械論之自然觀，在整個自然科學領域裡佔據了長達兩百多年的統治地位，現代科學由此形成。

牛頓的蘋果

1727 年，牛頓逝世，英國以國葬規格將他安葬於西敏寺。

出殯那天，抬棺槨的是兩位公爵、三位伯爵和一位大法官，前來送葬的人將街道堵得水洩不通。在大家合唱的哀歌中，世界與這位科學巨人告別。

送別的人群之中隱藏著一位尚不為人知的小人物，他就是逃難到英國的伏爾泰[1]，他被現場的情景震撼到了，暗暗發誓一定得弄清牛頓是何許人也，到底取得了怎樣驚人的成就？為什麼能夠得到如此的敬重和仰慕？很長時間內，伏爾泰在英國就做了一件事，每天到處找牛頓的親戚朋友詢問，牛頓到底是如何「一舉命中」萬有引力這一偉大成果的。

伏爾泰的糾纏使牛頓的外甥女婿不勝其煩，他告訴伏爾泰，這是因為有個蘋果砸中了牛頓的腦門，然後，牛頓就開竅了。於是伏爾泰便搖晃著他的大腦袋，十分滿意地走了，他把這個故事寫進了書裡，牛頓和蘋果的故事就這樣在世界各地傳播開來。

那棵蘋果樹真的存在嗎？如果存在，那棵樹應該長在英格蘭的伍爾斯托帕，牛頓家的老宅內。1666 年，牛頓在劍橋讀書，正值「黑死病[2]」橫行，兩個月內致使 5 萬人死亡，嚇得 22 歲的牛頓趕緊躲回鄉下老家。鄉下的生活平靜而踏實，不似在城裡那麼忙碌，牛頓就坐在蘋果樹下深度冥想。在短短的 18 個月內，他思考數學問題、進行光學實驗、計算星體軌道、探索引力之謎⋯⋯牛頓生平最重要的幾項成就都在這一年半的時間內完成。他在日記裡寫道：「那時我正處於

1 伏爾泰：法國啟蒙思想家、文學家、哲學家。18 世紀法國資產階級啟蒙運動的泰斗，被譽為「法蘭西思想之王」，其主張開明的君主政治，強調自由和平等，代表作有《哲學通信》、《路易十四時代》、《憨第德》等。

2 黑死病：人類歷史上最嚴重的瘟疫，致病源是鼠疫桿菌，死亡率極高。

發明創造的高潮，我對數學與哲學的關注超過了那以後的任何時候。」後來，1666 年也被稱為牛頓的奇跡年。

跨越千年的神秘主宰之力

像牛頓這樣一閒下來就思考行星的運動，是人類祖先常幹的事，而且越聰明的人越喜歡思考這個問題。

太陽為什麼東升西落？月亮為什麼陰晴盈缺？茫茫宇宙，又是什麼神秘的力量讓那麼多的天體不打架，不迷路，不拉拉扯扯，乖巧地沿著各自的軌道有序運轉？大部分人對這冥冥之中的自然主宰之力保持敬畏，少部分離經叛道的智者想一窺天人奧秘。

古希臘出了許多偉大的哲學家，他們一個個都自認為上知天文下識地理，動不動就在廣場上展示自己的哲思和智慧。亞里斯多德更是理直氣壯地下結論：地球是宇宙的中心，其他的天體都圍繞著地球轉，且運動軌跡是圓形的。後來，這些智者謙虛了一些，托勒密發展了「地心說」，認為天體最外層有個天稱為「原動天」，也稱「最高天」（圖 5-1）。在這個最高天上生活著第一推動者，即上帝，他推動著所有行星一個接著一個轉動。

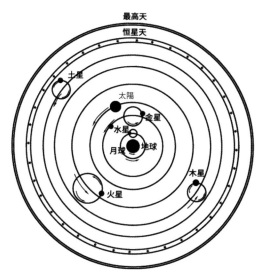

圖 5-1 托勒密地心體系簡圖

這樣的宇宙學觀點得到了教會的支持 —— 人類是神的寵兒，萬物以人類為中心。這種觀點既滿足了宗教方的訴求，也滿足了人類的自尊心。所以，「地心說」延續了一千多年，直到獨具慧眼的哥白尼提出「日心說」，從科學原理上解釋了地球在太陽系的實際地位。但膽小怕事的哥白尼迫於宗教壓力，直到古稀之年才出版《天體運行論》，在人生終點做了一回離經叛道之事。

哥白尼去世後，克卜勒根據老師第谷（Tycho Brahe）的觀測資料，計算出行星的軌道不是正圓，而是一個橢圓（圖 5-2），從而推導出克卜勒第二定律，這個定律對人類認識宇宙運行規律做出了重大貢獻。如圖 5-2 所示，行星在相同時間掃過相同的面積（陰影部分），其中 a、b 為曲線段長度，A、B 為陰影面積，t_1、t_2、t_3、t_4 為時間。

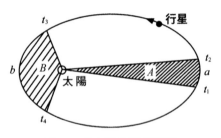

圖 5-2 克卜勒定律示意圖

在研究天體運行的過程中，克卜勒認為存在一種力讓行星在橢圓軌道上運行，但那不是宗教裡所說的上帝。占星師出身的克卜勒雖然表面上是個「神棍」，但骨子裡根本就不相信那一套理論。那這個力到底是什麼呢？地球與太陽之間的吸引力和地球對周圍物體的引力是否是同一種力，又是否遵循著相同的規律？這些問題，克卜勒沒有能力給出答案。

克卜勒定律誘發的引力證明

克卜勒為宇宙天體學打開了一扇窗戶，人類對行星運動規律的引力研究開始走向正軌。早在 1645 年，法國天文學家布里阿德（Bulliadus）就提出了引力與距離的平方成反比關係的猜想，後來人們根據克卜勒第三定律，推導出這個結論是正確的。

但問題是力和距離的平方成反比，能否推出軌道一定是個橢圓，並且滿足克卜勒第一定律和第二定律？大部分人都苦於數學不好，無法給出「從平方反比關係得到橢圓軌道運動」的嚴格證明。例如，英國著名的物理學家虎克（Robert Hooke）是牛頓的對手，一直夢想著推翻牛頓的理論，他聲稱自己給出了「力和距離的平方成反比」的證明，卻一直沒有公佈證明過程。他的聲明驚動了哈雷，於是哈雷隔三岔五地往虎克家跑，但虎克怎樣也不肯把自己的證明手稿拿出來。時間久了，哈雷也厭煩了，他感覺虎克在吹牛。

1684 年，哈雷到劍橋登門拜訪虎克的對手牛頓。牛頓說自己在五年前就證明了這個問題，哈雷驚喜萬分，趕緊聲稱要出資幫助牛頓整理證明手稿並出版。被哈雷鼓動而鬥志昂揚的牛頓也很配合，立馬整理了《論運動》手稿，運用克卜勒三定律、從離心力[3]定律演化出的向心力[4]定律、數學上的極限概念、微積分概念及幾何法，證明了橢圓軌道上的引力平方反比定律。

1687 年，牛頓在哈雷的資助下正式出版《自然哲學之數學原理》，這本書給牛頓帶來莫大名聲，確立了其「英國科學界第一人」地位，而萬有引力的全貌也在此書中首次被披露。人類追尋了千年的「神秘之力」在此豁然開朗，全部功勞都將歸於牛頓一人。虎克很不服氣，要求牛頓至少在書的前言中提及他的貢獻，畢竟他對「萬有引力」確實有發現權。虎克在 1674 年發表過一篇有關引力的論文，還寫信告訴過牛頓引力反比定律。沒想到，牛頓毫不在意，反而回到家後立即把書中涉及虎克的引用通通刪除。這場針鋒相對的「萬有引力」之爭也由此成了科學史上著名的公案。

但是，虎克只提出了行星與太陽之間引力關係的猜想，而牛頓卻能利用自己創立的微積分證明這個猜想，並將萬有引力定律推廣到宇宙間一切物體。在牛頓的猜想中，地上的蘋果與天上的行星受到了同種力的作用。因為月球在軌道上運動的向心加速度[5]與地面重力加速度[6]的比值等於地球半徑平方與月球軌道半徑平方之比，即 $\frac{1}{3600}$。

現在，我們知道地面物體所受地球的引力與月球所受地球的

3　離心力：一種虛擬力，也是一種慣性力，它使旋轉的物體遠離它的旋轉中心。在牛頓力學裡，離心力曾被用於表述兩個不同的概念，即在一個非慣性參考系下觀測到的一種慣性力，也是向心力的平衡。在拉格朗日力學下，離心力有時被用來描述在某個廣義座標下的廣義力。

4　向心力：當物體沿著圓周或者曲線軌道運動時，指向圓心（曲率中心）的合外力作用力。「向心力」一詞是從這種合外力作用所產生的效果而命名的。這種效果可以由彈力、重力、摩擦力等任何一力而產生，也可以由幾個力的合力或其分力提供。

5　向心加速度：反映圓周運動速度方向變化快慢的物理量。向心加速度只改變速度的方向，不改變速度的大小。

6　重力加速度：一個物體受重力作用的情況下所具有的加速度，也稱自由落體加速度，用 g 表示。其方向豎直向下，大小可由多種方法測定。

引力是同一種力。牛頓把天地萬物統一了起來，這樣宏大的格局是虎克難以達到的。

扭秤巧測引力常量 G

可惜，牛頓雖然用嚴謹的數學推出了萬有引力，卻始終沒能得出萬有引力公式中引力常量 G 的具體值。因為對於一般物體而言，它們的質量太小，在實驗中很難準確測出它們之間的引力；而天體之間的引力很大，卻又很難準確測出它們的質量。

直到一百多年後，卡文迪許成功利用扭秤給 G 定量，這才使萬有引力定律形成了一個完善的等式。否則，萬有引力或許就失去了應用價值，畢竟當時連牛頓自己也無法利用萬有引力公式計算出地球的質量。從這個角度看，萬有引力的真正意義就在於萬有引力常數。

1789 年，卡文迪許機智地利用光的反射，巧妙放大了微弱的引力作用。他將兩個質量相同的小鐵球 m 分別放在扭秤的兩端（圖 5-3），扭秤中間用一根韌性極好的鋼絲把一面小鏡子繫在支架上，然後用光照射鏡子，光便會被反射到一個很遠的地方，這時要做的就是立馬標記光被反射後出現光斑的位置。

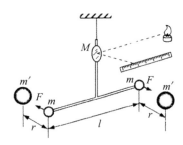

圖 5-3 卡文迪許實驗示意圖

接著，用另外兩個質量相同的大鐵球 m' 同時吸引扭秤兩端的小鐵球 m。在萬有引力作用下，扭秤會微微偏轉，光斑的位置卻移動了較大的距離。由此，卡文迪許測算出了萬有引力公式中的引力常數 G 的值為 $6.754 \times 10^{-11} \text{N} \cdot \text{m}^2/\text{kg}^2$。

這個數值 G 至今仍十分接近國際的推薦標準 $G=6.67259 \times 10^{-11}$ $\text{N} \cdot \text{m}^2/\text{kg}^2$（通常取 $G=6.67 \times 10^{-11} \text{N} \cdot \text{m}^2/\text{kg}^2$）。在這之後，對於兩

個物體之間的萬有引力，我們可用如圖 5-4 所示的公式表示。

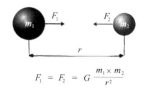

$$F_1 = F_2 = G\frac{m_1 \times m_2}{r^2}$$

圖 5-4 萬有引力定律示意圖

F_1、F_2：兩個物體之間的引力。

G：萬有引力常量。

m_1：物體 1 的質量。

m_2：物體 2 的質量。

r：兩個物體（球心）之間的距離。

依照國際單位制規定，F 的單位為牛頓（N），m_1 和 m_2 的單位為千克（kg），r 的單位為米（m），常數 G 近似於 6.67×10^{-11} N．m^2/kg^2。

從上述公式中，我們可以直觀地看出引力只與物體的質量、距離有關，如果這兩者都不變，任憑滄海桑田，萬有引力 F 也將恆定不變。所以，那句「你重或者不重，力就在那裡，不增不減」是相當不靠譜的。當物體的噸位增大而距離不變時，F 也「只增不減」。

萬有引力黯然失色之時

科學家根據萬有引力計算出太陽系的海王星和冥王星，使萬有引力定律的地位一度登上巔峰，所有人都驚歎於萬有引力對行星軌道的精確計算，這讓大家都相信世間萬物都遵循著這一定律自洽運轉。

沒有上帝，我們也能明瞭日月星辰、宇宙洪荒的運轉規律，人類的自信心爆棚。不過萬物皆有局限，萬有引力亦有邊界，隨著人類對自然宇宙的解讀，發現萬有引力定律並非萬能，它也有無法觸及的灰暗地帶。

19 世紀末，科學家們發現水星在近日點的移動速度比理論值大，即水星軌道有旋緊。然而當人們用萬有引力定律試圖解釋這種現象時，卻發現毫無說服力，牛頓的理論失靈了。

　　不久後，愛因斯坦的廣義相對論出現了，它正確解釋出水星近日點每 100 年會出現 43 角秒的漂移，並且還能解釋引力的紅移和光線在太陽引力作用下的彎曲等現象。經典引力理論在廣義相對論引力理論光芒的照射下，黯然失色。

　　經典的萬有引力定律公式，其實可以用更加精密的相對論來表述。引入引力半徑 $R_g = \dfrac{2Gm}{c^2}$，G、m 分別表示引力常量和產生引力場的球體的質量，其中 c 為光速，R 表示產生力場球體的半徑，若 $\dfrac{R_g}{R} < 1$，則可用牛頓引力定律。對於太陽，$\dfrac{R_g}{R} \approx 4.31 \times 10^{-6}$，應用牛頓的引力定律毫無問題。對於白矮星，$\dfrac{R_g}{R} \approx 10^{-6} \sim 10^{-3}$，仍可使用萬有引力定律。

　　但向外延伸到黑洞、宇宙大爆炸等宏觀領域，萬有引力就有心無力了，遠不如廣義相對論。它只適合在低速、宏觀、弱引力的地方征戰馳騁，一旦跑到高速、宇觀與強引力的場所就會不再適用。

結語
從混沌到光明

　　萬有引力就像超級望遠鏡，能看清哈雷彗星、海王星、冥王星；又如一杆巨秤，能秤出太陽、地球等龐大天體的質量。宇宙之門被它打開，天體運動的規律從此無處遁形。不管是我們熟悉的潮汐現象，還是藏在太陽系深處的行星，都逃不出萬有引力的「手掌心」。

　　萬有引力的出現為人類建立起了理解天地萬物的信心，使人們不再盲目崇拜神明，相信自我擁有改變世界的力量。正如物理學家馮・勞厄所說：「沒有任何東西像牛頓引力理論對行星軌道的計算那樣，如此有力地樹立起人們對年輕的物理學的尊敬。從此以後，自然科學成為智者心中的精神王國！」

6

歐拉公式：最美的等式

$$e^{i\pi} + 1 = 0$$

有數字的地方就有歐拉。

在人類的學問裡，最接近金字塔頂端的是數學。

不過，世界上只有極少數的人天生就對數具有強有力的直覺與天賦，這種天賦讓他們成為「盜火者」，幫助人類探尋隱藏在宇宙最深處的規律。在這樣一小撮天才之中，歐拉又是出類拔萃的人物，可謂天才中的天才。他的研究幾乎涉及所有數學分支，對物理學、力學、天文學、彈道學、航海學、建築學等都有研究，甚至對音樂都有涉獵！有許多公式、定理、解法、函數、方程、常數等都是以歐拉的名字命名的。其中最有辨識度的，應該是歐拉公式。

這個公式將 5 個數學常數 0、1、e、i、π 簡潔地聯繫起來，同時也將物理學中的圓周運動、簡諧振動[1]、機械波[2]、電磁波、機率波[3]等聯繫在一起……數學家們評價它是「上帝創造的公式」。

「一筆劃」解決哥尼斯堡七橋問題

18 世紀東普魯士首府 —— 哥尼斯堡，是當時名噪一時的寶地，不僅誕生了偉大人物哲學家康德，還有知名景點普雷格爾河。這條河橫貫其境，可把全城分為如圖 6-1 所示的四個區域：島區（A）、東區（B）、南區（C）和北區（D）。

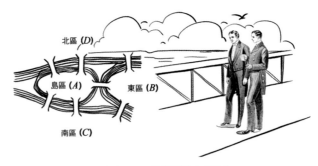

圖 6-1 哥尼斯堡七橋圖

1 簡諧振動：物體在與位移成正比的回復力作用下，在其平衡位置附近按正弦規律作往復的運動。

2 機械波：機械振動在介質中的傳播稱為機械波。機械波與電磁波既有相似之處又有不同之處，機械波由機械振動產生，電磁波由電磁振盪產生；機械波在真空中根本不能傳播，而電磁波（如光波）可以在真空中傳播；機械波可以是橫波和縱波，但電磁波只能是橫波；機械波與電磁波的許多物理性質，如折射、反射等是一致的，描述它們的物理量也是相同的。常見的機械波有水波、聲波、地震波。

3 機率波：空間中某一點在某一時刻可能出現的機率。這個機率的大小取決於波動的規律。因為愛因斯坦提出了光子具有波粒二象性，德布羅意於 1924 年提出假說，認為不只是光子才具有波粒二象性，包括電子、質子和中子等在內的所有微觀粒子都具有波粒二象性。

其間還有七座別致的橋，橫跨普雷格爾河及其支流，將四個區域連接起來，引得遊客絡繹不絕。遊玩者都喜歡做這樣一個嘗試：如何不重複地走遍七橋，最後回到出發點。然而，幾乎每個嘗試哥尼斯堡七橋問題的人最後都精疲力竭，垂頭喪氣，他們發現不管怎麼繞，路線都會重複。

當時數學巨人歐拉剛右眼失明，內心十分苦悶，但看到周圍的居民竟都為這個問題如此抓耳撓腮，覺得很有意思。因為就算不用腳走，照樣子畫一張地圖，把全部路線都嘗試一遍也能使人心力交瘁，畢竟各種路線加起來有 $A_7^7 = 5040$ 種。

為解決這個問題，歐拉巧妙地把它化成了一個幾何問題，將四個區域縮成四個點，以 A、B、C、D 四個字母分別代替四個區域，然後橋化為邊，得到了如圖 6-2 所示的七橋幾何圖。

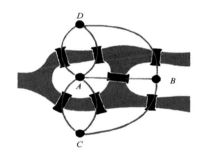

圖 6-2 七橋幾何圖

再簡化後，就變成如圖 6-3 所示的七橋簡化圖。

圖 6-3 七橋簡化圖

這樣，七橋問題搖身一變成了孩子們最愛玩的一筆劃問題。如果能在紙上一筆劃完，又不重複，這個問題也就解決了。

整整一個下午，歐拉躲在屋子裡閉門不出，桌上滿是丟棄的紙團，複雜的線條像扯不清的毛線。過了許久，沾滿鉛筆屑的手

指終於離開了歐拉的臉頰，他發現對於一個可以「一筆劃」畫出的圖形，首先必須是連通的；其次，對於圖形中的某個點，如果不是落筆的起點或終點，那麼它若有一條弧線進筆，必有另一條弧線出筆，如圖 6-4 所示。也就是說，交匯點的弧線必定成雙成對，這樣的點必定是偶點（由此點發出的線的條數為偶數的頂點）；而圖形中的奇點（由此點發出的線的條數為奇數的頂點）只能作為起點或終點。在此基礎上，歐拉最終確立了著名的「一筆劃原理」，即一個圖形可以一筆劃的充分必要條件為：圖形是連通圖，以及奇點的個數為 0 或 2。

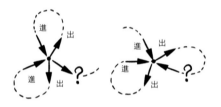

圖 6-4「一筆劃」

顯然，從圖 6-3 中，我們可以看到奇點的個數為 4，不符合條件。多少年來，人們費盡心思試圖尋找的走遍七橋而不重複的路線，其實根本就不存在。

將七橋問題轉化為一筆劃問題，是個把實際問題抽象成數學模型的過程，這當中並不需要運用多麼深奧的理論，但能想到這一點，卻是解決難題的關鍵。後來，我們將此種研究方法稱為數學模型方法，而這也是歐拉作為 18 世紀偉大的數學家異於常人之處。

多面體歐拉公式
透視幾何之美

1736 年，《哥尼斯堡的七座橋》論文發布，這個有趣的問題被後人視為圖論及拓樸學的最初案例，而這時歐拉年僅 29 歲。當然，這對於 13 歲考入名校，15 歲本科畢業，16 歲碩士畢業，19 歲博士畢業，24 歲成為教授的歐拉來說，只是基本操作。即使年紀輕輕就不幸被奪走了有形之眼，但他始終擁有那雙透視幾何之

美的無形之眼。

　　繼解決七橋問題之後，作為拓樸學的奠基人，歐拉還提出了拓樸學中最著名的定理 —— 多面體歐拉定理，即對於簡單凸多面體來說，其頂點數 V、棱數 E 及表面數 F 之間的關係符合 $V-E+F=2$。例如圖 6-5 所示，一個正方體有 8 個頂點，12 條棱和 6 個面，代入拓樸學裡的歐拉公式中，顯然 $8-12+6=2$。

圖 6-5 正方體

　　這個定理神奇地體現了簡單多面體頂點數、棱數及面數間的特有規律，並再次證實了歐幾里德證明的一個有趣事實：世上只存在五種正多面體。如圖 6-6 所示，它們分別是正四面體、正六面體、正八面體、正十二面體、正二十面體。

正四面體　　正六面體　　正八面體　　正十二面體　　正二十面體

圖 6-6 正多面體

　　後來，為了洞悉其他多面體的特有規律，如對於油炸圈餅狀的多面體來說，$V-E+F=0$，並不等於 2，如圖 6-7 所示。現在，$V-E+F$ 也被稱為歐拉示性數，它是一個拓樸不變量[4]，用以區分不同的二維曲面。球面的歐拉示性數永遠為 2，油炸圈餅狀曲面的歐拉示性數永遠為 0。

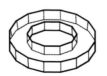

圖 6-7 油炸圈餅狀多面體

4　拓樸不變量：無論怎麼經過拓樸變形也不會改變的量。

拉拔微積分長大成人

歐拉作為史上非常多產的數學家，孜孜不倦地共寫下了 886 本（篇）書籍和論文，其中分析、代數、數論占 40%，幾何占 18%；物理和力學占 28%；天文學占 11%；彈道學、航海學、建築學等占 3%。後來，彼得堡科學院為了整理他的著作，足足忙碌了 47 年。

然觀其一生，在歐拉的所有工作中首屈一指的，還得論對分析學的研究，其成功地拉扯著牛頓和萊布尼茲的「孩子」—— 微積分長大成人，被譽為「分析的化身」。

比起牛頓和萊布尼茲這兩位「微積分之父」，歐拉這個養父顯然敬業得多，一連出版《無窮分析引論》（1748）、《微分學》（1755）和《積分學》（共三卷，1768—1770）三本書，堪稱微積分發展史上里程碑式的著作，並且在很長時間內一直被作為分析課本的典範而普遍使用。

其中，《無窮分析引論》中給出了著名的極限 [5] $\lim\limits_{x \to \infty}\left(1+\dfrac{1}{x}\right)^x =$ e(e=2.7182818…)，而複變函數論裡的歐拉公式 $e^{i\theta}=\cos\theta +i\sin\theta$ 更是在微積分教程中佔據了重要地位。這個公式把微積分的三個極為重要的函數聯繫在了一起，而這些函數正是人們研究了千百年的課題！

指數函數 $\exp(x)$，可等價寫為 e^x，這是微積分中唯一一個（不考慮乘常數倍）導數和積分都是它本身的函數。而三角函數中的餘弦函數 $\cos x$ 和正弦函數 $\sin x$ 則是微積分中的「榜眼」和「探花」。阿爾福斯曾感慨：「純粹從實數觀點處理微積分的人，不指望指數函數和三角函數之間有任何關係。」歐拉卻能獨具慧眼地將三角函數的定義域擴大到複數 [6]，從而建立了三角函數和指數函數的關係。

更直觀地理解，我們可以到複平面上看，θ 代表平面上的角，把 $e^{i\theta}$ 看作通過單位圓的圓周運動來描述單位圓上的點，而 $\cos\theta +i\sin\theta$ 也是通過複平面的座標來描述的單位圓上的點，二者是同一個點不同的描述方式，所以有 $e^{i\theta}=\cos\theta +i\sin\theta$，如圖 6-8 所示。

5 極限：數學中的分支，也是微積分的基礎概念。數學中的極限指某一個函數中的某一個引數在不斷逼近 A（可以是某個數，也可以是無窮大 ∞）時，函數值也不斷地逼近 B（可以是某個數，也可以是無窮大 ∞）。

6 複數：把形如 $z=a+bi$（a,b 均為實數）的數稱為複數，其中 a 稱為實部，b 稱為虛部，i 稱為虛數單位。當 z 的虛部等於 0 時，這個複數可以視為實數；當虛部不等於 0，實部等於 0 時，常稱 z 為純虛數。

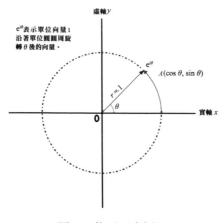

圖 6-8 複平面座標圖

7　需求函數：一種
商品的市場需求量
Qd 與該商品的價格
P 的關係是降價使需
求量增加，漲價使需
求量減少，因此需求
量 Qd 可以看作價格
P 的單調減少函數，
稱為需求函數，記作
$Qd=d(P)$。

8　生產函數：可以
用一個數理模型、圖
表或圖形來表示。假
定 X_1、X_2、$\cdots$、X_n 順
次表示某產品生產
過程中所使用的 n 種
生產要素的投入數
量，Q 表示所能生
產的最大產量，則
生產函數可以寫成
$Q=f(X_1,X_2,\cdots,X_n)$，該
生產函數表示在既定
的生產技術水準下生
產要素組合 $(X_1,X_2,\cdots$
$,X_n)$ 在每一時期所
能生產的最大產量
為 Q。在經濟學分析
中，通常只使用勞動
（L）和資本（K）這
兩種生產要素，所以
生產函數可以寫成
$Q=f(L,K)$。

　　後來，我們還會在各個領域看到這個公式帶來的變體，如在經濟學中的演變：$\sum_{n=1}^{N} \frac{\partial f(\overline{x_1},\cdots,\overline{x_n})}{\partial x_n} \overline{x_n} = rf(\overline{x_1},\cdots,\overline{x_N})$，專用來求解消費者的需求函數[7]或生產者的生產函數[8]，而這是整個微觀經濟學的基礎。

　　遙想當年，牛頓、萊布尼茲創立的微積分基礎不穩，應用有限，主要還是從曲線入手對微積分進行研究。而歐拉卻與一批數學家拓展了微積分及其應用產生了一系列新的分支，並將它們共同形成「分析」這樣一個廣大領域，同時明確指出，數學分析的中心應該是函數。

　　自此，18 世紀的數學形成了代數[9]、幾何、分析三足鼎立的局面，而工業革命以蒸汽機、紡織機等機械為主體的運動與變化，也得到了最適合的數學工具進行精確計算。

史上最美的等式

　　歐拉公式雖然不如質能方程和萬有引力那樣可以改變人類的歷史進程，卻展示了歐拉獨特的「數學審美」。

9　代數：研究數、數量、關係、結構與代數方程（組）的通用解法及其性質的數學分支。常見的代數結構類型有群、環、域、模、線性空間等。

10 平面向量：在二維平面內既有方向又有大小的量，物理學中也稱為向量，與之相對的是只有大小、沒有方向的數量（標量）。平面向量用 a、b、c 等字母上面加一個小箭頭表示，也可以用表示向量的有向線段的起點和終點字母表示。

11 四元數：簡單的超複數。複數是由實數加上虛數單位 i 組成的，其中 $i^2=-1$。相似地，四元數是由實數加上三個虛數單位 i、j、k 組成的，它們有如下關係：$i^2=j^2=k^2=-1$，$ij=-ji=k$，$jk=-kj=i$，$ki=-ik=j$，每個四元數都是 1、i、j 和 k 的線性組合，即四元數一般可表示為 $a+bi+cj+dk$，其中 a、b、c、d 是實數。

如果取一個特殊值，令 $\theta=\pi$，代入複變函數論裡的歐拉公式 $e^{i\theta}=\cos\theta+i\sin\theta$ 中，可得 $e^{i\pi}=\cos\pi+i\sin\pi$，即 $e^{i\pi}=-1+0$。該等式極具號召力地將數學中非常重要的五個常數 0、1、π、e 和 i 齊聚一堂，並以一種極其簡單的方式將數學上不同的分支聯繫起來，這個融合了數學五大常數的公式也被譽為「史上最美妙的公式」。

0 和 1 是最簡單的兩個實數，是群、環、域的基本元素，更是構造代數的基礎。任何數與 0 相加都等於它本身，任何數與 1 相乘也都等於它本身，有了 0 和 1，就可以得到其他任何數位。

無理數 π 在引爆數位狂熱的同時，隱藏著世界上最完美的平面對稱圖形──圓。π 在歐氏幾何學和廣義相對論中無處不在，有了 π，就有了圓函數，即三角函數。無理數 e 是自然對數的底，大到飛船的速度，小至蝸牛的螺線，四處可見其身。有了 e，就有了微積分，也就有了和工業革命時期相適應的數學。

甚至，連數學的「隱士高手」虛數單位 i 也在其中，其是 −1 的平方根，也是方程 $x^2+1=0$ 的一個解。有了 i，就有了虛數，平面向量 [10] 與其對應，也就有了漢米爾頓的四元數 [11]。在歐拉之後的未來，虛數還成為引發電子學革命的量子力學的理論基礎。

還有運算子號「＋」和關係符號「＝」含於等式中。減法是加法的逆運算，乘法是累計的加法……有了加號，就可以引申出其餘運算子號；而等號則在我們最初接觸算術時，便教會了我們世上最重要的一種關係──平衡。

歐拉恆等式彷彿一行極為完美而簡潔的詩，道盡了數學的美好，數學家們評價它為「神創造的公式，我們只能看它卻不能完全理解它」。這個公式在數學領域產生了深遠的影響，如三角函數、泰勒級數、機率論、群論等。就連數學王子高斯也不得不承認：「欣賞不了它的人，一輩子都成不了一流的數學家。」此外，歐拉公式對物理學的影響也很大，如機械波論、電磁學、量子力學等都匍匐在它的腳下。

60 歲時，歐拉不幸雙目失明，但他依舊運用強大的記憶力和心算能力，通過口述形式完成了四百多篇論文，獨自創立了剛體力學、分析力學等新學科。法國大數學家拉普拉斯曾感慨：「歐拉是所有人的老師。」

而這不僅僅是因為幾乎每個數學領域都可以看到歐拉的名字 —— 初等幾何的歐拉線、多面體的歐拉定理、立體解析幾何的歐拉變換公式、數論的歐拉函數、變分法的歐拉方程、複變函數的歐拉公式⋯⋯也不僅僅是因為他的創造在整個物理學和許多工程領域裡都有著廣泛的應用，更因為歐拉為我們留下極其珍貴的科學遺產時，還展現了為科學獻身的精神。在極少天賦異稟的天才之中，我們很難再見到有一人像歐拉這般一生勤勉而頑強，不曾因失明而停止前進的步伐，甚至保持充沛的精力到最後一刻。

在歐拉所有的成就中，極富靈氣的 $e^{i\pi}+1=0$ 不是他最重要的成就，而是史上最獨特的公式。

7

伽羅瓦理論：無解的方程

$$x^5 + ax^4 + bx^3 + cx^2 + dx + e = 0$$

伽羅瓦的群論，
拉開了現代數學的帷幕。

1832 年，自知將死的伽羅瓦奮筆疾書，洋洋灑灑寫了一篇幾乎沒有人關注、只有 32 頁紙的數學論文，並時不時在一旁寫下「我沒有時間」。第二天，他毅然參與決鬥並不幸身亡，一個瘦弱卻極富激情的天才就這樣走了，他的生命只有 21 歲！

之後的 14 年裡，始終沒有人能徹底弄明白伽羅瓦寫的到底是什麼。包括那個時代最頂尖的數學家、物理學家 —— 高斯、柯西、傅立葉、拉格朗日、雅可比（Carl Gustav Jacob Jacobi）、泊松（Siméon Denis Poisson）……他們無一人能真正理解伽羅瓦的理論。誰也沒有想到，這個 21 歲毛頭小夥子的絕筆理論開創了現代代數學的先河。

「跳出計算，群化運算，按照它們的複雜度而不是表象來分類。我相信，這是未來數學的任務。」伽羅瓦留下的這句話，直至今天仍然像閃電一樣劃過夜空。

群論：現代代數學的來臨

為什麼數學家對五次方程如此迷戀？因為在五次方程的求解過程中，數學家們第一次鑿開了隱藏在冰山下的現代科學，數學開始逐步進入到精妙的群論[1]領域。

群論開闢了一塊全新的戰場，以結構研究代替計算，把從偏重計算研究的思維方式轉變為用結構觀念研究的思維方式，並把數學運算歸類，使群論迅速發展成為一個嶄新的數學分支，對近世代數的形成和發展產生了巨大影響。

群論的出現，同樣奠定了 20 世紀的物理基礎。從此，統治人類近 200 年的牛頓機械宇宙觀開始邁入隨機和不確定性的量子世界和廣袤無垠的時空相對論。

一場空前偉大的科學革命如疾風驟雨般降臨，甚至延續至今。楊振寧的規範場論建立了當代粒子物理的標準模型，它的基礎就是群論中的李群[2]和李代數，專門描述物理上的對稱性。

如今的物理和數學顯然已經無法想像沒有群論的日子，算術和拓樸的交融是現代數學中一個極其神秘的現象，伽羅瓦群則在

1 群論：群的概念引發自多項式方程的研究，由埃瓦里斯特·伽羅瓦在 18 世紀 30 年代開創。其指的是滿足以下四個條件的帶有一個二元運算的一組元素的集合：①運算是封閉的；②運算的結合律成立；③運算的單位元存在；④運算的逆元存在。

2 李群：在數學中，具有群結構的實流形或者複流形，並且群中的加法運算和逆元運算是流形中的解析映射，其在數學分析、物理和幾何中都有非常重要的作用。

其中扮演著重要的角色。

認真觀察伽羅瓦群與拓樸中的基本群[3]，會發現兩者十分相似。為了更深入理解拓樸本質，20世紀數學界頂級天才格羅滕迪克提出了今天仍然神秘的 Motive 理論，而伽羅瓦的理論在這裡可以看作零維的特殊情況。

另一種不同角度的觀點則認為，伽羅瓦群（基本群）完全決定了一類特殊的幾何對象，這是格羅滕迪克提出的 anabelian 理論。值得一提的是，近年來因宣稱證明了 abc 猜想[4]而引起熱議的望月新一[5]他的理論研究也屬於這一方向。

而在代數數論中，伽羅瓦群是最核心的對象，它與「表示論」的融合則是另一個現代數學的宏偉建築——朗蘭茲綱領[6]的夢想，其與上面提到的 Motive 理論也是有機結合在一起的，它們共同構成了我們稱之為算術幾何領域中壯闊的綱領藍圖。但這僅僅是伽羅瓦理論的現代演化的一部分，不過也是最激動人心的一部分。

3　基本群：代數拓樸最基本的概念，最早由龐加萊（Jules Henri Poincaré）提出並加以研究。在一個拓樸空間中，從一點出發並回到該點的閉合曲線，稱為該點的一個迴路。如果一條迴路能夠連續地形變成另一條迴路（起始和終點不動），就稱這兩條迴路同倫等價，我們把同倫等價的迴路看作相同的東西。對於給定的一點，所有過該點的迴路的同倫等價類全體形成一個集合，這個集合上可定義加法，即兩條迴路可以相加形成新的迴路。這樣此集合可形成一個群，稱為拓樸空間在該點的基本群。

五次方程
究竟有沒有求根公式？

我們重新回到群論誕生的源頭，那個數百年的歷史難題：一般的五次方程是否有通用的根式求解？

4　abc 猜想：於 1985 年最先由約瑟夫‧奧斯特萊（Joseph Oesterlé）及大衛‧馬瑟（David Masser）提出，2012 年，數學家望月新一聲稱證明了此猜想。數學家用三個相關的正整數 a、b、c（滿足 a+b=c，a、b、c 互質）聲明此猜想。若 d 是 abc 不同質因數的乘積，這個猜想本質上是要表明 d 通常不會比 c 小太多。也就是說，如果 a、b 的因數中有某些質數的高冪次，那 c 通常就不會被這些質數的高冪次整除。

5　望月新一：日本京都大學教授，數學家，在「遠阿貝爾幾何」領域中做出過卓越貢獻。2012 年，他宣稱自己解決了數學史上最富傳奇色彩的未解猜想，即 abc 猜想。

6　朗蘭茲綱領：最早由羅伯特‧朗蘭茲（Robert Langlands）於 1967 年在給韋伊的一封信件中提出。它是數學中一組影響深遠的猜想，這些猜想精確地預言了數學中某些表面上毫不相干的領域之間可能存在的聯繫，如數論、代數幾何與約化群表示理論。

這本質上涉及的是數學史上最古老也最自然的一個問題：求一元多次方程的根。

早在古巴比倫時期，人們就會解二次方程。任何二次方程 $ax^2+bx+c=0(a \neq 0)$，現在我們會熟稔地運用其求根公式 $x = \dfrac{-b \pm \sqrt{b^2-4ac}}{2a}$ 進行求解。而三次方程和四次方程的求解直到 16 世紀中期才被解決，中間跨越了三千多年的悠悠歲月，最後在塔爾塔利亞、卡爾達諾、費拉里等數學大師的明爭暗鬥下，三次方程求解公式——卡爾達諾公式[7] 誕生。四次方程的求解則比人們預想的要快得多，費拉里十分機智地學會了師傅卡爾達諾的三次方程根式解法後，巧用降階法獲得四次方程的根式解法。對此，數學家們野心膨脹，開始相信所有的一元多次方程都能找到相應的求解公式。

然而，就當所有人都認為五次方程的解法會接踵而至時，在之後的兩百多年間卻一直成果寥寥，諸多高手為它前赴後繼，最終卻徒勞無功。

最先為五次方程求解提供新思路的是數學界的「獨眼巨人」歐拉，他把任何一個全係數的五次方程轉化為 $x^5+ax+b=0$ 的形式。出於對這一優美表達的傾心，歐拉自以為是地認為可以找出五次方程的通解公式，最終卻一無所獲。與此同時，數學天才拉格朗日也在為尋找五次方程的通解公式而廢寢忘食。借鑒費拉里將四次方程降階為三次方程的歷史經驗，他如法炮製。遺憾的是，同樣的變換卻將五次方程升階為了六次方程。

自此，數學家的腳步被五次方程這一關卡死死攔住，尋找一元多次方程通解公式的進展一度陷入迷局。而有關多次方程的爭論，當時主要集中在了如下兩大問題上。

（1）對 N 次方程，至少都有一個解嗎？

（2）N 次方程如果有解，那麼它會有多少個解呢？

數學王子高斯出馬了，他揮動如椽巨筆，一掃數學家們前進的障礙。1799 年，他證明了每個 N 次方程都有且只有 N 個解。於是，他推論出五次方程必然有五個解，但是這些解都可以通過公式表達出來嗎？

7　卡爾達諾公式：三次方程的求解公式，它給出三次方程 $x^3+px+q=0$ 的三個解為 $x_1=u+v$、$x_2=u\omega+v\omega^2$、$x_3=u\omega_2+v\omega$。該公式最早由義大利數學家塔爾塔利亞發現，後來卡爾達諾給出了該公式的證明，並公開發表在其 1545 年出版的書籍《大術》上。

撥開迷霧之後，這個難題仍然浮現在人們眼前，五次方程究竟是否有通解公式的疑問依舊困擾著人類，揮之不去。

一波三折
蒙塵的天才

歷經幾百年的折騰，19 世紀初的數學帝國顯然已經被五次方程摧殘得心灰意冷，才會一連「打壓」兩個當時最為璀璨的少年天才。一個是年方 26 歲的挪威青年阿貝爾，另一個是只有 21 歲的法國才俊伽羅瓦。

1824 年，阿貝爾發表了《一元五次方程沒有代數一般解》的論文，首次完整地給出了一般的五次方程用根式不可解的證明，這是人類第一次真正觸碰到五次方程求解的真諦。面對這個來自北歐的無名小子，數學家們紛紛搖頭，根本不相信這個難題能就此被解答。柯西收到論文後，將此棄之一旁，隨意丟進了辦公桌的某個抽屜裡；高斯則在輕輕掃了一眼後，只留下一句「這又是哪種怪物」的評論。

儘管這位稀有的天才最終沉屙纏身，因病去世，他的論文卻成功揭示了高次方程與低次方程的不同，證明了五次代數方程通用的求根公式是不存在的。阿貝爾的這一證明使數學從此掙脫了方程求解和根式通解的思想束縛，顛覆性地提出，一個通過方程係數的加減乘除和開方來統一表達的根式，並不能用來求解一般的五次方程。

可如何區分、判定哪些方程的解可以用簡單的代數公式（係數根式）來表達，哪些方程又不能呢？這一問題，阿貝爾並沒有給出完美的答案。直到伽羅瓦橫空出世，高次方程的求解才真正墜落凡塵。

有人說伽羅瓦是人類歷史上最具才華的數學大師，是天才中的天才，是被神所嫉妒的人，神害怕這樣的人類存在，甚至不願意看到與他有交往的人活著，於是想方設法地打擊他、折磨他，

7

伽羅瓦理論：無解的方程

8 有限群：具有有限多個元素的群，是群論的重要內容之一。其所含元素的個數稱為有限群的階。有限群可分為兩大類：（有限）可解群與（有限）非可解群。

直到他 21 歲決鬥身亡。

1830 年，19 歲的伽羅瓦用一篇論文打開了一個更為廣闊的抽象代數世界。他引入了一個新的概念 —— 群，以一種更完整而有力的方式，證明了一元 n 次方程能用根式求解的一個充分必要條件是該方程的伽羅瓦群為可解群（有限群[8]）。

由於一般的一元 n 次方程的伽羅瓦群是 n 個文字的對稱群 S_n，而當 $n \geq 5$ 時，S_n 不是可解群，這就是導致四次方程可解，而五次方程等高次（大於四次）方程不可解的根本原因。

伽羅瓦以絕世才華打開了隱藏幾百年的「群論」領域，他興奮地把他的論文交給了當時的數學大師柯西，結果與阿貝爾得到的待遇並無兩樣，柯西答應完轉眼就忘記了，甚至把伽羅瓦的論文摘要也弄丟了。

伽羅瓦又將方程式論寫成三篇文章，自信滿滿地提交資料參加數學大獎，然而資料被送到傅立葉手中後，傅立葉沒多久就去世了，伽羅瓦的論文再次蒙塵。

伽羅瓦在泊松的鼓勵下，向法國科學院遞交了新的論文，兩面派的泊松卻又說伽羅瓦的理論「不可理解」。年輕氣盛、滿腹才華的伽羅瓦怒火中燒，覺得數學這個領域沒什麼意思，當即把全部力量投入政治運動中，且說出「如果需要一具屍體來喚醒人民，我願意獻出我的」這樣的激烈言辭。數理領域的頂尖天才變成了新時代憤青，對世界充滿了憤怒。

隨後的機緣巧合，讓伽羅瓦在政治活動中偶遇了他生命中的女神，並為其神魂顛倒，赴湯蹈火。這是一個有夫之婦的神秘女子，她的丈夫同伽羅瓦的性格如出一轍，狂暴易怒，兩人為此爭吵決鬥。最終，伽羅瓦在決鬥中不幸死去。

或許是神靈對伽羅瓦的命運有所愧疚，冥冥中讓伽羅瓦在死前整理遺稿，並將成果託付給了他的朋友奧古斯特・謝瓦利埃（AugusteChevalier）。朋友不負囑託，把遺稿寄給了高斯與雅可比，卻沒有得到回應。到了 1843 年，法國數學家劉維爾慧眼識才，不僅肯定了伽羅瓦的群論思想，還將一元五次方程無解的根本原因公佈於眾。至此，伽羅瓦的天資與貢獻才被世人所知。

就這樣，經過三百多年的坎途後，五次方程終於被人們揭開了神秘面紗。自此，一條通往現代群論的鐵路開始悄然搭建，代數學也迎來了新的篇章。

事實上，當初的阿貝爾和伽羅瓦並沒有證明五次多項式方程無解，而是證明了一件更為微妙的事，即假定了這些解的存在，但代數運算操作（加減乘除與開任意次方）都不足以表達這些解。回想一下，前面提到低次方程的解都能只用代數運算動作表達。而在這個證明過程中，伽羅瓦表現出了他的驚世才華，敏銳洞察到了多項式的解的對稱性可以由多項式本身觀察到而不必求解，而這一對稱性本身完全決定了其解是否存在根號運算式。

以最標準的五次多項式方程為例：

$$x^5+ax^4+bx^3+cx^2+dx+e=0$$

假定這一方程有 r_1、r_2、r_3、r_4、r_5 共五個根，則原標準的五次多項式的每一個係數都是根的一個對稱函數。例如，$a=-(r_1+r_2+r_3+r_4+r_5)$、$b=r_1r_2+r_1r_3+r_1r_4+r_1r_5+r_2r_3+r_2r_4+r_2r_5+r_3r_4+r_3r_5+r_4r_5$。通過觀察這些公式，伽羅瓦注意到，按任意方式排列這些根，如把 r_1、r_2 對調，並不會改變這一運算式，各項會以不同的方式排列，但總和始終不變。五個數字有 120 種不同的排列方式，因此一個標準的五次多項式有 120 種對稱方式。為了描述這種對稱性，伽羅瓦創造了群的概念。根據由 120 種排列方式組成的群不允許出現方程要求的塔形子群，伽羅瓦證明出一個有根式解的五次多項式方程可允許的最高排列是 20。

這樣，伽羅瓦實際上就解決了阿貝爾沒有解決的問題，為確定哪些多項式方程有根式解而哪些沒有提供了明確的判別標準。假如現在你面前有個多項式，它的伽羅瓦群有不超過 20 個元素，那它就有根式解。

發現了伽羅瓦群這一解決五次方程的制勝秘訣後，伽羅瓦繼續披荊斬棘，成功證明了當 $n \geq 5$ 時 n 次交錯群是非交換的單群，是不可解的。而一般的 n 次方程的伽羅瓦群是 n 次對稱群的子群，因而一般五次和五次以上的方程不可能用根式解就是其一個直接的推論。

如果到這裡覺得畫面還是有些模糊，那我們再詳細地解讀下。設 $f(x)$ 是域[9]F 上一個不可約多項式，假定它是可分的。作為 $f(x)$ 的分裂域[10]E，E 對於 F 的伽羅瓦群實際上就是 $f(x)=0$ 的根集上的置換群[11]，而 E 在 F 的中間域就對應於解方程 $f(x)=0$ 的一些必要的中間方程。方程 $f(x)=0$ 可用根式解的充分必要條件是 E 對於 F 的伽羅瓦群是可解群。所以當 $n \geq 5$ 時 n 次交錯群不可解。

伽羅瓦這套使用群論證明的絕技最終成功破解了方程可解性的奧秘，清楚闡述了為何高於四次的方程沒有根式解，而四次及四次以下的方程有根式解，甚至藉此完成了一次縱向穿越，解決了古代三大作圖問題中的兩個：即「不能三等分任意角[12]」和「倍立方不可能[13]」。

這些都為數學界做出了巨大的貢獻，有關「群」、「域」等概念的引入更是抽象代數的萌芽。因此，人們將伽羅瓦的成果整理為伽羅瓦理論。伽羅瓦理論發展至當代，已然不負人們的期望，成為當代代數與數論的基本支柱之一，功勳卓越。

9　域：數學詞彙，包括定義域、值域等。在函數經典定義中，因變數改變而改變的取值範圍稱為這個函數的值域，現代定義中是指定義域中所有元素在某個對應法則下對應的所有的象所組成的集合。

10　分裂域：與多項式相關的一種域。在抽象代數中，具有域中係數的多項式分裂域是該域的最小域延伸，多項式在該域上分裂為線性因子。

11　置換群：n 元對稱群的任意一個子群，都稱為一個 n 元置換群，簡稱置換群。置換群是最早研究的一類群，每個有限的抽象群都與一個置換群同構，即所有的有限群都可以用它來表示。

12　不能三等分任意角：又稱為三等分角問題，是古希臘三大幾何作圖問題之一，現如今數學上已證實了這個問題無解。三等分角問題具體可敘述為只用圓規及一把沒有刻度的直尺將一個給定角三等分。在尺規作圖（只用沒有刻度的直尺和圓規作圖）的前提下，此題無解。若將條件放寬，如允許使用有刻度的直尺，或者可以配合其他曲線使用，則可以將一給定角三等分。

13　倍立方不可能：倍立方問題的具體內容為「能否用尺規作圖的方法作出一立方體的棱長，使該立方體的體積等於一給定立方體的兩倍」。其實質是一個能否通過尺規作圖從單位長度出發作出 $\sqrt{2}$ 的問題。

結語
來自造物主的嫉妒

　　這場用汗水和生命澆灌出來的理論之花，終於在三次方程求解成功的三百多年後綻放，曾經困擾了人類千百年來的高階謎團也終被伽羅瓦理論一併解答。法國數學家畢卡在評述 19 世紀的數學成就時，曾如是說：「就伽羅瓦的概念和思想的獨創性與深刻性而言，任何人都是不能與之相比的。」回望五次方程問題的解決過程，群論、域論[14] 交相輝映，迂迴曲折，也難怪當時學界頂級的審評大師們如墜雲裡霧中。

　　這位人類歷史上最具天賦的數學家伽羅瓦後來所遇各種不幸，也都讓人不禁感歎，這或許是來自造物主的嫉妒吧！

14 域論：抽象代數的分支，是很多學科的基礎，是代數學中基本的概念之一，且歷史悠久。域論研究域的性質，簡單地說，一個域是在其上有加法、減法、乘法和除法的代數結構。

8

危險的黎曼猜想

$$\zeta(s) = \sum_{n=1}^{\infty} n^{-s} = \frac{1}{1^s} + \frac{1}{2^s} + \frac{1}{3^s} + \cdots = 0$$

能夠引誘數學家出賣靈魂的，
只有黎曼猜想。

grBltSm4SmprJW

過直線外一點，可作幾條平行線？

歐氏幾何說，只能作一條。

羅氏幾何[1]說，至少可以作兩條（無數條也可以）。

黎曼慢悠悠地反問：誰知道平行線相交還是不相交呢？

這場「平行公理」的世紀之爭，終結於黎曼幾何[2]。

黎曼提出：過直線外一點，一條該直線的平行線也作不出來。這個基於球和橢球而得出的「無平行線」結論，成為相對論的數學幫手。

相對論最初的靈感來源於，愛因斯坦意識到引力可能並不是一種力，而是時空彎曲的體現。物理直覺超於常人百倍的愛因斯坦，一直找不到合適的數學工具來表達他的這種想法。如果直接說引力是時空彎曲效應，估計會被吐槽成「物理是體育老師教的」、「物理老師的棺材板要按不住了」。所以，直到他從數學界的朋友格羅斯曼[3]那裡瞭解到黎曼的非歐幾何，相對論才得以提早問世。

愛因斯坦得意地跟全世界說：「如果沒有我，50 年內也不會出現廣義相對論。」這時候，有資格和愛因斯坦站在一起吹牛的，估計也只有數學巨匠黎曼了。

來自「高維世界」的黎曼

黎曼，1826 年生於漢諾威（今德國）一個牧師家庭。他的父親本來希望他學習神學，將來成為一位賺錢的牧師，但是黎曼展現出來的數學天賦，擋都擋不住。黎曼上中學的時候，老師已經發現這位學生掌握的數學知識遠超自己，於是把學校圖書館裡那本最厚、積了最多灰的書借給他。這本書就是勒讓德的《數論》[4]。

1 羅氏幾何：一種獨立於歐氏幾何的幾何公理系統，是負曲率空間中的幾何。歐氏幾何的第五公設「平行公理（過直線之外一點有唯一的一條直線和已知直線平行）」在羅氏幾何中被替代為「雙曲平行公理（過直線之外一點至少有兩條直線和已知直線平行）」，由此羅氏幾何獨立於歐氏幾何。

2 黎曼幾何：正曲率空間中的幾何，由德國數學家黎曼創立，其採用了另一條新公理取代第五公設，創建了另一種非歐幾何。黎曼的新公理認為，「過直線外一點，一條平行線也得不出來」。

3 格羅斯曼：數學家，蘇黎世聯邦理工學院的數學教授，也是愛因斯坦的朋友和同學。作為微分幾何和張量微積分的專家，格羅斯曼在愛因斯坦研究引力方面提供了很多數學方面的幫助，促進了愛因斯坦對數學和理論物理學的獨特綜合。

4 《數論》：由法國數學家阿德里安—馬里·勒壤德（Adrien-Marie Legendre,1752–1833）所著，該書論述了二次互反律及其應用，給出了連分數理論及質數個數的經驗公式等。

一個星期後，這位學生回來還書。老師有點驚訝：「這本書你看了多少？」「看完了，理論挺奇妙的。」老師震驚了，馬上就找到了黎曼的父親：「趕緊把他送到高斯身邊去。」黎曼的人生本來被規劃成了一個三流牧師，但因為一個老師的力薦，他走向了一流數學大師的道路。

在黎曼之前，人類對數學和空間的理解都來自《幾何原本》[5]，建立在二維、三維世界的直觀體驗上。但是在自然界很難看到真正的歐氏幾何圖形，高山低谷、滄海桑田，都不是完美的幾何圖形。

隨便舉個例子：在平坦的空間裡，三角形的內角和是 180°；但如果空間不是平坦的，而是存在一定的曲率，那麼三角形的內角和就視乎它的曲率，大於或小於 180°，如圖 8-1 所示。

5 《幾何原本》：又稱《原本》，是古希臘數學家歐幾里德所著的一部數學著作。它是歐氏幾何的基礎，也是歐洲數學的基礎，總結了平面幾何五大公設，內容涉及透視、圓錐曲線、球面幾何學及數論等。書中，歐幾里德使用了公理化的方法。這一方法後來成了建立知識體系的典範。

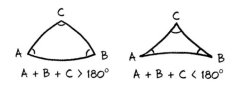

圖 8-1 非平坦空間的三角形內角和

黎曼似乎來自更高維的世界，一眼就看透了這些缺陷，開始了突破人類想像的高端學術之旅。很多時候人類像二維平面上的螞蟻，看不到「高」的空間，即便把二維平面弄皺，螞蟻仍會認為平面是平坦的。只有當這些螞蟻從皺褶曲面向上爬行時，它們才會感覺到自己被一股看不見的「力」阻礙，但仍然不知道還有空間的概念。黎曼像一個三維人到了二維世界，一眼看出世界並不僅僅是由一些長短線構成的，而是另有天地。

黎曼提出「高維空間」數學理論，古典世界的數學邊界被拆除。他的偉大之處在於他引入高維概念後，所有傳統數學的規律仍然自洽。他還推斷出電力、磁力和引力都是由看不見的「皺褶」引起的，「力」本身並不存在，它只是由幾何畸變引起的明顯結果。如果細細品讀，就會發現這與愛因斯坦提出的廣義相對論非常相似。

6　黎曼 ζ 函數：主要和「最純」的數學領域數論相關，它也出現在應用統計學和齊夫－曼德爾布羅特律（Zipf-Mandelbrot Law）、物理和調音的數學理論中。

7　解析延拓：把區域 D 和 D 中的一個解析函數 $f(z)$ 合在一起，稱為一個解析元素，記作 (f,D)。若兩個解析元素 $(f1,D1)$、(f_2,D_2) 滿足 $D_1 \cap D_2 \neq \phi$，$\forall z \in D1 \cap D_2$，$f1(z)=f2(z)$，則稱其中任何一個解析元素是另一個解析元素的直接解析延拓。若有一串解析元素：(f_1,D_1)、(f_2,D_2),…,(f_n,D_n)，其中任意相鄰兩個解析元素是對方的直接解析延拓，則稱 (f_n,D_n) 是 (f_1,D_1) 的解析延拓（(f_1,D_1) 也是 (f_n,D_n) 的解析延拓）。

1865 年，黎曼提出了關於空間皺褶的「切口」理論，這是一個世紀以後「蟲洞」概念的雛形。2015 年的電影《星際效應》中男主人公進入五維空間，與女兒進行超空間對話，也是黎曼「高維概念」的一個形象展示。

這位體弱多病的數學天才，本來有希望推翻矗立了兩千多年的古典幾何大廈，只可惜生命之主給他的時間太少。

黎曼猜想與裸奔的網際網路

「幾何」一直是黎曼的主業，這是一座深不可測的數學殿堂，但我們今天不談他的主業，而是聊聊他在 1859 年「閒暇之餘」隨手丟下的一個猜想。這個猜想使黎曼雖深居簡出，卻經常出現在人們視野。

這個猜想是存在一類對質數分布規律有著決定性影響的黎曼 ζ 函數[6] 非平凡零點。黎曼 ζ 函數的所有非平凡零點都位於複平面上 $Re(s) = \frac{1}{2}$ 的直線上，即方程 ζ (s)=0 的解的實部都是 $\frac{1}{2}$。

更通俗的數學運算式如下：

$$\varsigma(s) = \sum_{n=1}^{\infty} n^{-s} = \frac{1}{1^s} + \frac{1}{2^s} + \frac{1}{3^s} + \cdots = 0$$

它的所有非平凡零點都在直線 $Re(s) = \frac{1}{2}$ 上。後來，數學家們還把這條直線稱為臨界線（critical line）。

那什麼是黎曼 ζ 函數呢？

黎曼 ζ 函數 ζ (s) 是級數運算式 $V(s) = \sum_{n=1}^{\infty} \frac{1}{n^s} (Re(s) > 1)$ 在複平面上的解析延拓[7]，即 $\varsigma(s) = \frac{r(1-s)}{2\pi i} \oint \frac{(-z)^s}{e^z - 1} \frac{dz}{z}$。

這個猜想看似簡單，但證明起來十分困難。從歷史上看，求多項式的零點特別是求代數方程的複根都不是簡單的問題。一個特殊函數的零點也不太容易找到。黎曼自己肯定也沒有想到，他所提出的這個猜想足足困擾了數學家們一百多年。如果黎曼知道我們糾結至今，一定會花點時間把過程寫出來的。

這件事情還得「怪」他的老師高斯[8]，高斯有一句座右銘「寧肯少些，但要成熟」，這種低調作風深深地影響著黎曼，使他成了一個惜字如金的學者。他一生僅發表過 10 篇論文，但每篇論文都橫跨各領域，是一位多領域的先鋒開拓者。雖然黎曼不到 40 歲就去世了，但他仍然顯示出驚豔眾人的才華。

1859 年，黎曼拋出這個不朽的猜想，就是想解決質數之謎。黎曼猜想認為質數是隨機均勻分布的，而在密碼學中，許多密碼系統的安全性依賴於亂數的生成，因而質數在密碼學中顯得尤為重要。如今，科學家驗證到極大的數字依然沒有反例，所以證明黎曼猜想其實是在理論上證明了現在的質數加密演算法是足夠安全的；相反，如果找到一個黎曼猜想的反例，那它很可能打破人們對質數隨機均勻分布規律的認知，屆時密碼界也將產生巨變。

非對稱加密演算法和質數的關係

和我一樣擔心著自己銀行帳戶和黎曼猜想的朋友，我們再一起複習一下小學數學。

小於 20 的質數有多少個？答案是有 8 個：2、3、5、7、11、13、17 和 19。小於 1000 的質數有多少個？小於 100 萬的呢？小於 10 億的呢？

觀察質數表，你會發現質數數目的增速是下降的，它們越來越稀疏，如圖 8-2 所示。1~100 有 25 個質數，401~500 有 17 個，而 901~1000 只有 14 個。如果把質數列到 100 萬，最後一個百數段（999901~1000000）中只有 8 個質數；如果列到 10000 億，最後一個百數段中將只有 4 個質數，它們是 999999999937、999999999959、999999999961、999999999989。

8 高斯：德國著名數學家、天文學家，和阿基米德、牛頓並列，享有「數學王子」的盛名。其成就遍及數學的各個領域，在數論、非歐幾何、微分幾何、超幾何級數、複變函數論及橢圓函數論等方面均有開創性貢獻。

N	小於N的質數有多少？
1 000	168
1 000 000	78 498
1 000 000 000	50 847 534
1 000 000 000 000	37 607 912 018
1 000 000 000 000 000	29 844 570 422 669
1 000 000 000 000 000 000	24 739 954 287 740 860

圖 8-2 小於 N 的質數數量排列

很明顯，越到後面，找到質數就越發艱難。

1966 年，非平凡零點已經驗證出了 350 萬個。20 年後，電腦已經能夠算出 Zeta 函數前 15 億個非平凡零點，這些零點無一例外地都滿足黎曼猜想。2004 年，這一記錄達到了 8500 億。最新的成果是法國團隊用改進的演算法，將黎曼 Zeta 函數的零點計算出了前 10 萬億個，仍然沒有發現反例。

10 萬億個飽含著激情的證據再次堅定了人們對黎曼猜想的信心。然而，黎曼 Zeta 函數畢竟有無窮多個零點，10 萬億和無窮大比起來仍只是滄海一粟。黎曼猜想的未來在哪裡，人們一片茫然，不得而知。因此，聰明的數學家就將質數應用在密碼學上。畢竟人類還沒有發現質數的規律，如果以它作為金鑰進行加密，破解者必須要進行大量運算，即使使用最快的電子電腦，也會因求質數的過程時間太長而失去了破解的意義。

現在普遍使用於各大銀行的是 RSA 公開金鑰加密演算法[9]，其基於一個十分簡單的質數事實：將兩個大質數相乘十分容易，但是想要對其乘積進行質因數分解卻極其困難，因此可以將乘積公開作為加密金鑰。

9 RSA 公開金鑰加密演算法：是一種非對稱加密演算法。在公開金鑰加密和電子商業中，RSA 被廣泛使用。RSA 公開金鑰加密演算法由羅納德·李維斯特（Ronald Rivest）、阿迪·薩莫爾（Adi Shamir）和倫納德·阿德曼（Leonard Adleman）於 1977 年共同提出，RSA 就是由他們三人姓氏首字母所組成的。

「Todd 函數」能證明黎曼猜想嗎？

證明黎曼猜想真的有那麼難嗎？時間告訴我們，這條臨界線至少為難了數學界的高智商數學家們一百多年。

1896 年，法國的阿達瑪抵達猜想的臨界線邊緣 —— 證明了

黎曼 ζ 函數的非平凡零點只分布在帶狀區域的內部，同時攻克了刁難人類 100 年的質數定理。

1914 年，丹麥的波耳與德國的蘭道觸到了冰山一角，窺得了黎曼 ζ 函數的非平凡零點傾向於「緊密團結」在臨界線的周圍。

1921 年，英國的哈代開啟全副武裝模式，直接將「紅旗」插上了臨界線──證明了黎曼 ζ 函數有無窮多個位於臨界線上的非平凡零點，卻並沒有對無窮多個占比全部多少進行估算。

1974 年，美國的列文森證明了至少有 34% 的零點位於臨界線上。

1989 年，美國的康瑞又改進了列文森的推論，重新開啟了估算的新篇章，又證明了至少有 40% 的零點位於臨界線上。⋯⋯然而，誰也沒能真正搞定黎曼猜想，數學上「無窮大」這只「惡魔」讓再多數值證據都微不足道。直到 2018 年 9 月 24 日，著名數學家阿蒂亞[10] 向全世界展示了黎曼猜想的證明過程。

89 歲的阿蒂亞爵士提出了對黎曼猜想證明方法的一個簡單思路，這個靈感來源於他在 2018 年 ICM 上提出精細結構常數[11]（Fine Structure Constant）的推演，這是一個物理學上長期存在的數學問題。這一推演過程結合了馮・諾依曼的算子理論[12] 及希策布魯赫創立並證明的代數簇黎曼─羅赫定理[13]，還應用了 Todd 函數參與計算，而這個函數是證明黎曼猜想的核心。

阿蒂亞爵士根據 Todd 函數的性質構建了一個 F 函數，然後利用反證法：假設那些零點不在臨界線上，即不在 $\mathrm{Re}(s) = \frac{1}{2}$ 這條線上，然後用 F 函數推出了與 Todd 函數性質相悖的結論。如果 Todd 函數性質嚴格成立，那麼假設錯誤，黎曼猜想得證。

就這麼簡單嗎？急忙從「深山老林」裡跑出來圍觀的科學家們推了推眼鏡。畢竟，關於 Todd 函數本身正確與否，目前學術界還需要一定時間進行考究。而且，在這個領域，阿蒂亞和他的弟

10 阿蒂亞（Michael-Francis Atiyah）：英國數學家，被譽為 20 世紀偉大的數學家之一。其給出了阿蒂亞─辛格指標定理；為 K 理論的發展做出了重要貢獻；解決了李群表示論、與規範場有關的代數幾何中的若干問題，把不動點原理推廣到一般形式。

11 精細結構常數：物理學中一個重要的無量綱數，常用希臘字母 α 表示。精細結構常數表示電子在第一波耳軌道上的運動速度和真空中光速的比值，計算公式為 $\alpha = e^2/(4\pi\varepsilon_0 ch)$（其中 e 是電子的電荷，ε_0 是真空介電常數，h 是普朗克常數，c 是真空中的光速）。

12 算子環理論：始於 1930 年下半年，馮・諾依曼引入並研究了某類運算元構成的代數結構，並稱之為算子環。他十分熟悉諾特和阿丁的非交換代數，很快就把它用到希爾伯特空間上有界線性算子組成的代數上去，後人把它稱為馮・諾依曼算子代數。

13 黎曼─羅赫定理：數學中，特別是複分析和代數幾何的一個重要工具，可計算具有指定零點與極點的亞純函數空間的維數。它將具有純拓撲虧格 g 的連通緊黎曼曲面上的複分析，轉換為純代數設置。

子們才是權威，別人想插手也不容易。

那 Todd 函數再加反證法，真能證明黎曼猜想嗎？不少人認為這不夠嚴謹，為那公佈的 5 頁紙爭議不休，但到現在也沒有權威數學家質疑阿蒂亞爵士。而面對本來就是數學界泰山北斗的阿蒂亞，又有多少人有能力來證明他的對與錯呢？

對於這點，可借鑑費馬大定理被證明時苛刻的審核機制，未來學術界會給予我們答案。不管最終結局如何，這位 89 歲的數學家仍難能可貴地為我們提供了一種新思路，這值得我們給予其崇高的敬意。

猜想被證偽會動搖數學大廈嗎？

儘管阿蒂亞爵士在 2018 年的論文中最後表明，用他的方法，精細結構常數與黎曼猜想已經被解決了。不過他只解決了複數域上的黎曼猜想，有理數域上的黎曼猜想還需要再研究。

黎曼猜想如果被證偽會動搖數學根基，這並不是一個「陰謀論」。數學文獻中已有一千多條數學命題以黎曼猜想的成立為前提，如果黎曼猜想被證實，所有那些數學命題將可以全部上升為定理；反之，那些數學命題中起碼有一大半將成為「陪葬品」。那些建立在黎曼猜想上的推論，可謂是一座根基不穩、搖搖欲墜的大廈。

一個數學猜想與為數如此眾多的數學命題有著密切關聯，這是世上極為罕有的。也許正是因為這樣的關係，黎曼猜想的光環才變得更加耀眼，也越發讓人著迷。「數學界的無冕之王」希爾伯特（Hilbert）曾表示，如果在死後 500 年能重返人間，他最想知道是否已經有人解決了黎曼猜想？而阿蒂亞自己演講時則打趣道：「解決黎曼猜想你會出名，但如果你已經是個名人，那就有聲名狼藉的風險了。」

因而，阿蒂亞爵士對黎曼猜想的證明對錯與否，都將牽一髮而動全身，直接影響以黎曼猜想作為前提的數學體系。

結語
叫愛神的人得益處

　　黎曼於 1866 年 7 月 20 日去世，離開這個世界時還不到 40 歲。這位與歐拉、高斯、伽羅瓦一樣在數學上具有頂尖天賦的人物，雖不幸英年早逝，卻走得極為安詳與滿足。他並沒有意識到自己對這個世界的影響會如此深遠，臨走之前非常平靜，沒有掙扎也沒有臨終痙攣，彷彿饒有興趣地觀看靈魂與肉體的分離。

　　《質數之戀》一書談到，他的妻子給他拿來麵包和酒，他要妻子把他的問候帶給家裡人，並對她說：「親親我們的孩子。」妻子為他誦讀了主禱文，他的眼睛虔誠地向上仰望，幾次喘息以後，他純潔而高尚的心臟停止了跳動。

　　他長眠在塞拉斯加教區比甘佐羅教堂的院子裡，墓碑上寫著一段話。

這裡安息著

格奧爾格・弗裡德里克・伯恩哈德・黎曼

哥廷根大學教授

生於 1826 年 9 月 17 日，布雷斯倫茨

卒於 1866 年 7 月 20 日，塞拉斯加

萬事都互相效力

叫愛神的人得益處

9

熵增定律：寂滅是宇宙宿命？

$$dS \geq \frac{dQ}{T}$$

宇宙終將死亡，這是它的必然宿命？

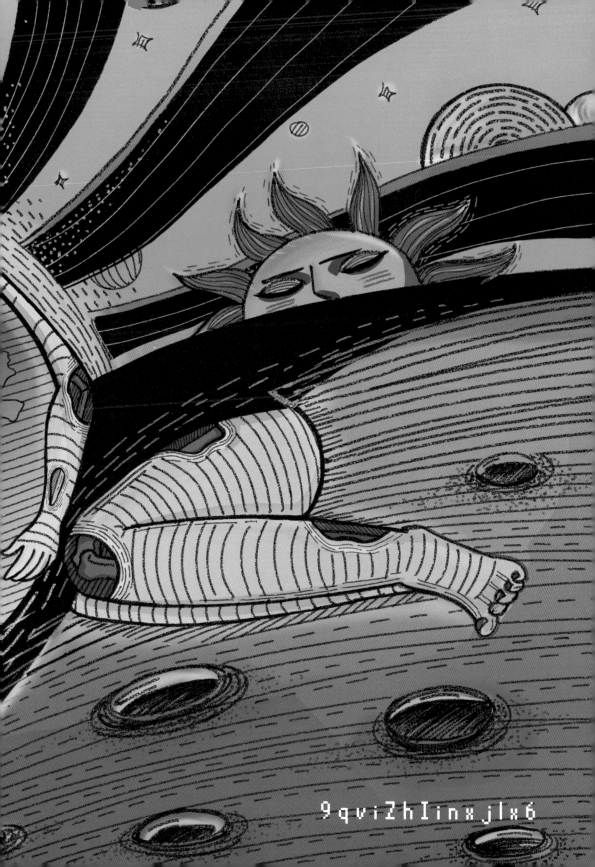
9qvi2hIinxjlx6

1 阿西莫夫：1920-
1992 年，美國著名
科幻小說家、科普作
家、文學評論家，美
國科幻小說黃金時代
的代表人物之一，作
品《基地系列》、《銀
河帝國三部曲》、《機
器人系列》三大系列
被譽為「科幻聖經」。

2 查理斯·珀西·斯
諾（Charles Percy
Snow）：1905—1980
年，英國科學家與小
說家。斯諾最值得人
們注意的是其關於
「兩種文化」這一概
念的演講與書籍。在
《兩種文化與科學變
革》這本書中，斯諾
注意到科學與人文聯
繫的中斷是解決世界
上的問題的一個主要
障礙。

熱力學第二定律又稱熵增（熵＋）定律，那什麼是熵增呢？

陳年老屋爐寒火盡，如果無人照料，日積月累必然灰塵滿地。這就是熵增，熵的物理意義就是體系混亂程度的度量。其實不僅僅是陳年老屋，整個宇宙也是如此，世界都是趨於無序化的，最終會變得越來越混亂。因為熵增的存在，最終都會走向「寂滅」。

熵增，能否被逆轉？這是知名科幻作家阿西莫夫[1]的終極之問，亦是宇宙演化與人類文明所面臨的最為絕望的終極問題。阿西莫夫在《最後的問題》一書中大膽描繪了千億年間人類的進化軌跡，聰明的未來人每次都能在能量即將耗盡時找到下個棲息地。從人類創立超級智慧體「模」，到人類占滿銀河系的每個角落，再到人類拋棄肉體的限制，以心靈為形體，自由漂泊，融入集體意識中。

然而，人類最終還是無法逃脫滅亡與宇宙死寂的命運。縱然是強大到幾乎無所不能的超級智慧體「模」，也始終無法解決這個最後的問題，答案一直是資料不足，無可奉告。所以，一切就此消亡嗎？如果要尋找這個答案，我們要從最根本的命題出發，首先，瞭解什麼是「熱」。

熱是什麼？
從熱質說到熱運動的躍遷

查理斯·珀西·斯諾[2]在《兩種文化》這本圖書中寫道：「一位對熱力學一無所知的人文學者和一位對莎士比亞一無所知的科學家同樣糟糕。」

如果認真學習熱力學定律並對整個熱力學發展有所瞭解，那你一定會對斯諾此言首肯心折。尤其是「熵」一詞，直接揭示了宇宙的發展本質與人類的命運結局。

但在熱力學誕生前，人類並不清楚「熱」是什麼，將熱和溫度的概念也混為一談。多數人以為，物體冷熱的程度就代表著物體所含熱的多寡。直到 17 世紀，伽利略發明了溫度計，人們才逐漸明白其中區別。而有關溫度的具體定義，則得益於熱力學第零

定律的提出，其依據的是如圖 9-1 所示我們日常生活中都可以感知的實驗事實。

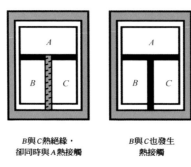

B與C熱絕緣，　　B與C也發生
卻同時與A熱接觸　　熱接觸

圖 9-1 熱力學第零定律

如果 A 與 B 兩個熱力學系統達到熱平衡，A 與 C 兩個熱力學系統也達到了熱平衡，那麼即使 B 與 C 熱絕緣，B 與 C 之間也會達到熱平衡。這個實驗事實是標定物體溫度數值的基本依據。

最初，人們對熱的本性認知可用「熱質說」來概括，即認為熱是一種會從高溫物體流向低溫物體的物質，同時根據實驗結果，熱這種物質沒有質量，它被稱為「卡路里」，即健身人士一直想燃燒的對象。乍看這個理論很有說服力。看看你桌上剛剛泡的熱茶，它的冷卻就可以用熱質說來解釋，即熱茶的溫度高，表示熱質濃度較高，因此熱質會自動流到熱質濃度較低的區域。除此之外，熱質說還能解釋很多熱現象。

到了 18 世紀末，倫福德發現了「熱質說」的一個漏洞，它無法解釋摩擦生熱的現象。倫福德是個美國人，他參加過獨立戰爭卻是個「反動派」，站在了英國政府一邊，與華盛頓武裝交戰。後來，他娶了拉瓦節的夫人，而「熱質說」就是拉瓦節在 1772 年用實驗推翻燃素說[3] 後才開始盛行。《化學基礎》一書中，拉瓦節就把熱列了基本物質之中。

作為一個工程師，倫福德曾領導慕尼克兵工廠鑽製大砲。在過程中，他發現銅砲在鑽了很短一段時間後就會產生大量的熱，而被鑽頭從砲上鑽出來的銅屑則能熱到直接融化，並且這些由摩擦所生

3　燃素說：1703 年，由德國化學家施塔爾正式提出，認為火是由無數細小而活潑的微粒構成的物質實體，燃燒現象實際上是物體吸收釋放燃素的過程。但「燃素說」存在很多漏洞，後來遭到質疑。1756 年，羅蒙諾索夫用實驗證明了「燃素說」是錯的。

9
熵增定律：寂滅是宇宙宿命？

的熱似乎無窮無盡。這讓他非常懷疑，銅裡怎麼可能會有那麼多熱質，可以把銅屑都融化了？所以，他認為熱不是一種物質，而是一種運動。然而當時人們並不相信「反動派」倫福德的話。19世紀，直到德國邁爾醫師和英國物理學家焦耳做出努力，才逐漸改變了這種觀念。

邁爾醫師的一生充滿不幸，在一次駛往印尼的遠航中，他有幸首次領悟出能量的秘密，卻無緣享受發現這一秘密本可帶來的殊榮。邁爾的醫學造詣不高，他為生病船員治病的手段就是放血，後來通過醫學證明這並不科學。他在放血時觀察到另一個現象，熱帶病人的靜脈血不像生活在溫帶國家中的人那樣顏色暗淡，而是像動脈血那樣鮮豔，即人生活在熱帶和溫帶時靜脈血顏色不同。

這一現象使他想到食物中含有化學能，它像機械能一樣可以轉化為熱。在熱帶高溫情況下，機體只需要吸收食物中較少的熱量，因而機體中食物的燃燒過程相應減弱，靜脈血中留下了較多的氧，顏色更鮮豔。由此，他認識到熱是一種能量，生物體內能量的輸入和輸出是平衡的，並在後來成為完整提出了能量轉化與守恆原理——「熱力學第一定律」——的第一人。不過，邁爾的聰明才智始終不為世人理解，反而遭遇世俗的偏見與譏笑。他的論文被雜誌社反覆扣押，兩個孩子不幸夭折，弟弟因革命活動而被捕入獄。在極度精神壓力下，邁爾一度被關進精神病院備受折磨。

相比之下，同時期的「富二代」焦耳就幸運很多，他嚴謹的實驗證明比邁爾所用的推理方法更能被人接受。當時，電氣熱潮席捲歐洲，磁電動機剛剛出現，成了最可能代替蒸汽機的新動力。於是，釀酒廠老闆立馬資助兒子焦耳研究磁電動機。通過磁電動機的各種試驗，焦耳注意到電動機和電路中的發熱現象，由此開始進行電流的熱效應研究，並花了近40年時間來證明功轉換成熱時，功和所產生熱的比值，是一個恆定的值，即熱功當量。1848年他通過實驗證明，當物體所含的力學能轉換為熱能時，整體能量會保持不變，能的形式可以互相轉變。在此之上，焦耳逐漸發展出了熱力學第一定律，為熱力學的整體發展確立了基礎。

永動機：欲望承載體的破碎

如果不從科學實驗本身來比較邁爾和焦耳兩人對熱力學第一定律的研究成果，從個人行為動機上看，焦耳也將更為當時社會大眾所接受。因為 19 世紀早期，人們沉迷於一種神秘機械——第一類永動機，這是種不需能源就可以永遠工作的機器。而焦耳當初研究磁電動機的實質正是為了製造效率更高的新機器，所以後來焦耳也一度試圖製造永動機。

製造永動機的想法可非空穴來風，最早甚至可以追溯到西元 1200 年左右，由印度人巴斯卡拉提出後傳入西方。15 世紀，西方人文主義覺醒，社會對能量的需求也越來越大，各界大師紛紛投入其中，包括著名畫家達文西。達文西在設計永動機方案時認為，輪子左半面的球比右半面的球離輪心更遠些，因此左半面球產生的力矩更大，就會使輪子沿箭頭方向轉動不息，如圖 9-2 所示。

圖 9-2 達文西的永動機示意圖

但實驗結果卻是否定的。雖然左邊小球運動在凸面，對軸的力矩大，右邊小球運動在凹面，對軸的力矩小，但也存在正、負力矩相抵消的問題。再加上各種摩擦及空氣阻力，裝置終將會停下來。達文西得出結論：永動機不可能實現。

不過，人們一直沒有放棄。工業革命後，對蒸汽機的效率改良需求更是促使各色人等投入永動機的製造中。但不管是借助水的浮力，還是利用同性磁極之間排斥作用，所有設計方案都以失敗告終。在無數次失敗後，人們終於悟出：不可能出現沒有能量

輸入而一直對外做功的裝置。所以，從社會動機的角度看，熱力學第一定律最初是針對「永動機的設計」而提出的。當然，熱力學第一定律也徹底抹殺了第一類永動機追求者的幻想。

有趣的是，在這之後人類對永恆運動的欲望並沒有就此熄滅，象徵著榮譽、財富、無窮能量的永動機依舊使「淘金者」牽腸掛肚。人們開始琢磨，既然能量不能憑空產生，那是否能發明一種機械，它可以從外界吸收能量，然後用這些熱量全部對外做功，驅動機械轉動？這就是歷史上有名的第二類永動機。

當時在拿破崙手下打工的卡諾對永動機並不感興趣，不過他相信錯誤的「熱質說」，還依據錯誤的「熱質說」和「永動機械不可能」兩個原理導出了「卡諾定理」。他認為熱能之所以能轉換成功，就像水輪機裡的水從位置較高的地方流到位置較低的地方推動水輪機一樣，「熱質」從溫度高的地方流向溫度低的地方也能推動熱機運轉，這說明熱機的最大熱效率只取決於其高溫熱源和低溫熱源的溫度。該定理其實是熱力學第二定律的結果。

不幸的是，1832 年，這位才華橫溢的青年先罹患猩紅熱又得了腦膜炎，最後死於霍亂，年僅 36 歲，所有研究資料毀於一旦。直到四十多年後，人們在卡諾僅存的一個筆記本裡發現，卡諾最後放棄了「熱質說」，轉為熱的運動說，並幾乎悟出能量守恆定律。

1850 年，在熱力學第一定律與卡諾定理的基礎上，克勞修斯提出了熱力學第二定律，認為熱量總是從高溫物體傳到低溫物體，不可能做相反的傳遞而不引起系統的其他變化，這意味著熱傳遞具有方向性和不可逆性。儘管承認克勞修斯為熱力學第二定律的發現者，英國勳爵開爾文卻不滿足於這一過程描述。1851 年，他從熱功轉化角度出發，提出了「熱力學第二定律的開爾文說法」—— 物質不可能從單一熱源吸取熱量，使之完全變為有用的功而不產生其他影響。

自此，名垂寰宇的熱力學第二定律誕生。

讓人絕望的熱寂論

熱力學體系的逐步建立，讓人類徹底認清了持續千年的神秘永動機不過是海市蜃樓。1906 年，能斯特[4] 提出熱力學第三定律，人們才認識到現實中絕對零度不可能達到，只能無限趨近。

但最打擊人的還是熱力學第二定律，因為這定律並不限於熱力學，還可以延展到社會學，乃至宇宙學。在我們習以為常的生活中，整個自然界和社會看似有序，實則無序和混亂也在暗處不斷滋長。如果沒有外力的影響，事物將永遠向著更為混亂的狀態發展。不信瞧瞧你的房子，如果很長時間沒有打掃，只會越來越亂，灰塵越積越多，不可能越來越整潔。

那這種混亂狀態該如何度量呢？1854 年，克勞修斯率先找到了一個用來衡量孤立系統混亂程度的物理量「熵」，並用 dS 表示熵的增量，並指出在加熱過程中存在兩種情況。

（1）加熱過程可逆，則熵的增量：

$$dS = \left(\frac{dQ}{T}\right)_r$$

（2）加熱過程不可逆，則熵的增量：

$$dS > \left(\frac{dQ}{T}\right)_{ir}$$

式中，dS 為熵增；dQ 為熵增過程中系統吸收的熱量；T 為物質的熱力學溫度；下標 r 為英文 reversible（可逆）縮寫，下標 ir 為英文 irreversible（不可逆）縮寫。

將上述兩種情況綜合起來就可以得到：

$$dS \geqslant \frac{dQ}{T}$$

在這一公式指導下，克勞修斯得出了一個重要結論：封閉系統下，熵不可能減少，即 $dS \geqslant 0$，這證明了自然界的自發過程是朝著熵增加的方向進行的。由此，熱力學第二定律也被推廣到了更廣闊的意義上，可以概括為宇宙的熵恆增，即「熵增定律」。

從此，「熵」成了科學界一個神秘而憂傷的存在。當它與時間

4 能斯特（Nernst）：德國卓越的物理學家、化學家和化學史家，也是熱力學第三定律開創者。能斯特燈的創造者。1889 年，能斯特提出了溶解壓假說，從熱力學導出了電極勢與溶液濃度的關係式，即電化學中著名的能斯特方程。

聯繫在一起時，時間無法「開倒車」（黑洞內部除外）；當它與生命聯繫在一起時，則如一根尖針戳穿了人類長生不老的美夢；而當它與宇宙聯繫在一起時，它更似一部劇本，寫清了宇宙的前世今生和最終走向。

1867 年，熵增定律被用於宇宙，克勞修斯提出了傳說中的「熱寂論」。熱寂論在科學界掀起軒然大波，無數科學家急得抓耳撓腮。因為一旦熱寂論被證實，人類千百年的奮鬥與拼搏就像一場徒勞無功的笑話。

試想，整個宇宙的熵會一直增加，那麼伴隨著這一進程，宇宙變化的能力將越來越小，一切機械的、物理的、化學的、生命的等多種多樣的運動會逐漸轉化為熱運動。整個宇宙將會達到熱平衡，溫度差消失，壓力變為均勻，熵值達到最大，所有能量都成為不可再進行傳遞和轉化的束縛能，宇宙都最終進入停滯狀態，陷入一片死寂。更為悲愴的是，熵在揭露宇宙終極走向的同時，也讓我們看清了自己的渺小。我們不僅不可能造出永動機，而且能量也終有一天會枯竭。

人類像是一步步去看清宇宙真相的孩子，我們從直立行走到點燃普羅米修士之火，從男耕女織到走進蒸汽時代，從電磁統一到走進資訊社會……但是面對熵，卻依舊似一個光腳的孩子手足無措，無力阻止宇宙的毀滅。一句「熵增是宇宙萬事萬物自然演進的根本規律」，就可以把我們困於絕望之中。

逆熵而行的「馬克士威妖」

面對熱寂論對宇宙命運的宣判，很多科學家氣急敗壞，稱熵增定律是墮落的淵藪。美國歷史學家亞當斯道：「這條原理只意味著廢墟的體積不斷增大。」傑出的科學家開始對宇宙熱寂理論採取行動，其中首先提出解決方案的是電磁學家馬克士威。

1871 年，馬克士威意識到自然界存在著與對抗熵增的能量控制機制，卻無法清晰說明這種機制，只能詼諧地設計了一個假想

的存在物 ——「馬克士威妖」。此妖有極高智慧，雖個頭迷你，卻可以追蹤每個分子的行蹤，並能辨別出它們各自的速度。

在馬克士威設想的方案中，一個絕熱容器被分成相等的兩部分 A 和 B，如圖 9-3 所示，由馬克士威妖負責看守兩部分之間的「暗門」，通過觀察分子運動速度，打開或關閉那扇「暗門」，使快分子從 A 跑向 B，而慢分子從 B 跑向 A。這樣，它就在不消耗功的情況下，B 的溫度提高，A 的溫度降低，從而與熱力學第二定律發生了矛盾。

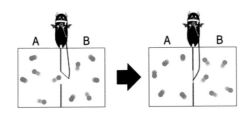

圖 9-3 馬克士威妖實驗圖

乍看之下，馬克士威妖擊敗熱力學第二定律似乎輕而易舉，同時也讓烜赫一時的熱寂論多了一種反對勢力。人人高興不已，期待著真有這麼一個擁有無比敏銳感官的存在物，能讓雨滴從地面飛回雲裡，讓宇宙起死回生。

但在紀律森嚴的物理帝國，馬克士威沒有根據任何實驗來檢驗他的假說是否成立，心地單純的馬氏小妖命途多舛。它成功困擾了科學家一百多年，成了科學家詰難熱力學第二定律並反對熱寂論的著名假想實驗。直到 20 世紀 50 年代，資訊理論在熱力學中應用後，寄予著人類救世主情懷的馬克士威妖才被判定為不可能活著。電腦科學家蘭道爾提出的蘭道爾原理說明了擦除資訊是需要消耗能量的，這表明了不消耗額外能量就能記錄並區分資訊的馬克士威妖並不存在。

熱能的微觀世界：波茲曼熵

借助「熵增」的概念，克勞修斯熵指明了熱力過程的宏觀不可逆。

借助「馬克士威妖」，馬克士威想在微觀層面找到對抗熵增的方法。

在馬克士威的世界裡，他的小妖是身手敏捷的賽跑者，通過和運動的分子賽跑來對抗熵增。被小妖監測著的分子不停做著無規則的熱運動，但無論快慢，都逃不過小妖的魔掌。這種混亂無序的分子熱運動[5]在別人看來是刺耳的魔音，對波茲曼來說，卻是一首氣勢恢宏的交響樂。

為了解釋熱力學第二定律的本質原因，波茲曼將統計學思想引入了馬克士威的分子運動論。1872 年，從分子運動體系的非平衡到平衡，波茲曼用機率織就了一個流光溢彩的偏微分方程，用來描述非熱力學平衡狀態的熱力學系統統計行為。在一個有著溫度梯度差的流體中，熱量從高溫區（分子運動劇烈）流向低溫區（運動較不劇烈），借助不同動量分子的碰撞，分子的運動劇烈程度漸趨一致。這個有著普適意義的分子運動公式，為他後來解釋熱力學第二定律的微觀意義埋下契機。

1877 年，波茲曼將宏觀的熵與體系的熱力學機率聯繫起來，發現了一個表示系統無序性大小的公式：$S \propto \ln\Omega$。在普朗克引進了比例係數 k 後，這個公式進一步華麗蛻變為 $S=k\ln\Omega$，被稱為波茲曼—普朗克公式。作為 19 世紀理論物理學重要的成果之一，這個公式後來還被刻在了波茲曼的墓碑上，為波茲曼偉大而不朽的一生做了最後的總結。在這個公式中，波茲曼用統計學解釋了在微觀上什麼是熵。

S 是宏觀系統熵值，是分子運動或排列混亂程度的衡量尺度，也稱為波茲曼熵；k 為波茲曼常數[6]；Ω 是可能的微觀態數，服從波茲曼統計分布律，Ω 越大，系統就越混亂無序。也就是說，一個宏觀系統的熵就是該系統所有可能的微觀狀態的統計之和。由此，熵的微觀意義也就呼之欲出，即系統內分子熱運動無序性的

5 分子熱運動：物體都由分子、原子和離子組成，而一切物質的分子都在不停運動，且是無規則的運動。分子的熱運動與物體的溫度有關，物體的溫度越高，分子的運動越快。

6 波茲曼常數：熱力學的一個基本量，記為 k 或 k_B，數值為 $k=1.38\times10^{-23}$J/K，波茲曼常數等於理想氣體常數 R 除以阿伏伽德羅常數（$k=R/NA$），其物理意義是單個氣體分子的平均動能隨熱力學溫度 T 變化的係數。波茲曼常數是把熵（宏觀狀態參數）與熱力學機率（微觀物理量）聯繫起來的重要橋梁。

一種量度。

在熱力學第二定律中，熵在孤立系統是恆增的，隨著熵的無限增加，系統從有序朝著無序發展，如高溫→低溫、高壓→低壓⋯⋯而波茲曼指出，這種無序性的量度與微觀態數 Ω 有著不可不說的糾葛：微觀態數越少，系統越有序，微觀態數越多，系統越無序。不僅如此，這種從高有序度演變為低有序度的發展方向與機率也有著莫大的淵源。

對物理這門藝術有著無上追求的波茲曼，不拘泥於克勞修斯的熵增定律，在前者的基礎上開拓性地提出：孤立系統的熵不會自發減少的原因，是熵高的狀態出現的機率大。一切系統的自發過程總是從有序向無序演變，實則這也是一種從機率小的狀態向機率大的狀態的演變。自然界總是朝著機率更大的方向發展，這是熱力學第二定律的本質。

用一個熵增，克勞修斯熵指明了熱力過程的不可逆，波茲曼熵卻用統計語言對熱力過程進行了定量評述。在克勞修斯眼中，熵是一種宏觀態，表示物質所含的能量可以做功的潛力，與熱效率有關；而在波茲曼眼中，熵幻化成了一種微觀態，是能量在空間分布均勻性的量度，能量分布不均勻性越大，能量做功效率越大。

原本涇渭分明的兩個世界，一個宏觀極大世界，一個微觀極小世界，在波茲曼的手中被機率統計這一數學方法統一起來。雖然我們不能像量子力學那樣精確描述每個個體的微觀運動，但是可以從微觀整體上描述宏觀系統的許多行為，描繪整個宇宙面貌。

然而，這樣一種拋棄宏觀現象類推、用數學手段探尋本質的科學哲學思維，與 19 世紀盛行的經驗主義是相悖的。波茲曼的理論在當時太過超前，直到 20 世紀，物理學家們才逐漸認可「創造性原則寓於數學之中」，物理學理論研究才走向高度數學化、抽象化和形式化。

如果把波茲曼的精神世界比作一個孤立系統，按照熵增原理，熵無情地朝著其極大值增長，他的精神世界也因始終被外界孤立，不被當時學界所認可而越來越混亂。充滿了悲傷的熵增熱寂論，

9

熵增定律：寂滅是宇宙宿命？

似乎早已喻示了波茲曼的結局。1906 年，他以上吊自殺的方式結束了生命，只留下了刻在他墓碑上的那個公式：$S = k.\log W$。

生命以負熵為食

「落葉永離，覆水難收；死灰欲復燃，艱乎其力；破鏡願重圓，冀也無端；人生易老，返老還童只是幻想。」無論是克勞修斯熵，還是波茲曼熵，似乎都以一種不可逆的增長態勢迅猛發展。系統從小機率趨於大機率，從有序趨於無序，在熵達到極大值後歸於沉寂。無數自然現象無不印證著熵增原理的正確性，哪怕馬克士威妖也無法抵抗宇宙熱寂的悲劇命運。

那我們身處的這個世界為什麼又生機勃勃呢？生命現象似乎是一個例外。生命是一種總是維持低熵的奇跡。一個生命在它活著的時候，總保持著一種高度有序的狀態，各個器官和細胞的運作井井有條，只有死後才會很快化為一堆無序的物質。在自然科學家和社會科學家看來，生命是高度有序的，智慧也是高度有序的。可在一個熵增的宇宙中，一切本該發展為混亂無序的存在，又為什麼會出現生命，進化出智慧？

按照波茲曼熵的微觀意義，熵是組成系統的大量微觀粒子無序度的量度，系統越無序、越混亂，熵就越大。那這存在於生命中有序化、組織化、複雜化的負熵似乎違背熱力學第二定律。

生命真的可以抵抗熵增嗎？這個問題，薛丁格有自己的答案。在《生命是什麼》一書中，薛丁格獨闢蹊徑把熵與生命結合起來，石破天驚地提出了一個觀點：生物體以負熵為食，一個生命有機體天生具有推遲趨向熱力學平衡（死亡）的奇妙的能力。從有機生命系統來看，所有生命都有一個終點，那就是死亡，每個人熵最大化的狀態便是死亡。

因而，人在生命期限內，只有一直保持不穩定的狀態，才能對抗熵的增加。對抗熵增也意味著人要讓自身變得有序，如何變得有序呢？薛丁格提出：生物體新陳代謝的本質，是使自己成功擺脫在其存活期內所必然產生的所有熵。人通過周圍環境汲取秩

序，低級的汲取秩序是求生存，即獲取食物，靠吃、喝、呼吸和新陳代謝，這是生理需求；高級的汲取秩序則是增強自身技能，在與他人和社會的交往中獲益。但無論是低級汲取還是高級汲取，都是人為吸引一串負熵去抵消生活中產生的熵的增量，這是人類生存的根本：以負熵為食。

從這個角度看，人天生就是與熵增相對抗的力量。

結語
人類：為宇宙建立微末秩序

《列子·湯問》中曾記載北山愚公年且九十，卻以殘年餘力叩石墾壤，企圖移山。山巍峨龐然，而愚公老弱如浮萍，故河曲智叟笑其不惠。然愚公答曰：「雖我之死，有子存焉；子又生孫，孫又生子；子又有子，子又有孫；子子孫孫無窮匱也。而山不加增，何苦而不平？」

根據熱力學第二定律，宇宙天然而熵增，它俯瞰眾生，侵蝕萬物，比起那歸然不動的山更為渺茫，縱使偉大如愛因斯坦，堅韌如霍金也無能為力。放眼歷史，喧囂過後終歸無聲，熱寂才是最終歸宿。

但人類以負熵為食，即使面對宇宙熱寂也從未膽怯止步。內以新陳代謝消除有機體內產生的熵的增量，外則不斷在環境中建立「有序」社會，力圖使一切維持在一個穩定而又低熵的水準之上。縱然微小若星骸塵埃，也要求得自我的生命意義；縱然僅僅擁有數十年光陰，也要為這混亂的宇宙建立秩序。

Grand Unification Theory

10

馬克士威方程組：讓黑暗消失

$$\oint_L B \cdot d\ell = \mu_0 I + \mu_0 \epsilon_0 \frac{d\Phi_E}{dt}$$

宇宙間任何的電磁現象，
皆可由此方程組解釋。

$$+ \mu_0 \varepsilon_0 \frac{d\Phi_E}{dt}$$

ÐF64ÐI6c78K4K2

實驗室裡，鴉雀無聲。

赫茲全神貫注盯著兩個相對的銅球，下一秒他合上了電路開關。

電流穿過裝置裡的感應線圈，開始對發生器的銅球電容進行充電。隨著「啪」的一聲，赫茲的心彷彿被提到了嗓子眼兒，發生器上已經產生了火花放電，接收器又是否會同時感應生出美麗的火花？赫茲的手心早已出汗，真的有一種看不見、摸不著的電磁波嗎？

歷史性的時刻終於到來 —— 一束微弱的火花在接收器的兩個小球間一躍而過！赫茲激動地跳了起來，馬克士威的理論勝利了！電磁波的確真實存在，正是它激發了接收器上的電火花。

萬有引力般的超距作用力

很久以前，人類就對靜電和靜磁現象有所發現。但在漫長歷史歲月裡，人們並沒有發現這兩個現象之間存在著某種關聯。

electricity（電）的語源是拉丁語 electricus（琥珀）。在古希臘及地中海區域的歷史中早有文字記載，將琥珀棒與貓毛摩擦後，就可以吸引羽毛一類的物質。這是最早的摩擦起電現象。

關於磁，中國是對磁現象認識最早的國家。西元前 4 世紀《管子》中描述：「上有慈石者，其下有銅金。」在《山海經》、《呂氏春秋》等古籍也可找到一些磁石吸鐵現象的記載。

發現電與磁之間有著某些相似規律，還源於物理學家庫侖的小小野心。1785 年，作為牛頓的忠實擁護者，庫侖把萬有引力的理論應用到靜電學，如同星球間發生萬有引力的作用，兩個帶電球之間的作用力是否也同樣遵循著平方反比律？他精心設計了一個扭秤實驗，如圖 10-1 所示，在細銀絲下懸掛一根秤桿，秤桿上掛有一個平衡小球 B 和一個帶電小球 A，在 A 旁還有一個和它一樣大小的帶電小球 C。

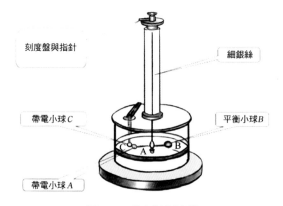

刻度盤與指針

細銀絲

帶電小球 C

平衡小球 B

帶電小球 A

圖 10-1 庫侖扭秤實驗

　　A 球和 C 球之間的靜電力會使懸絲扭轉，轉動懸絲上端的懸鈕，使小球回到原來的位置。在這個過程中，可通過記錄扭轉角度、秤桿長度的變化，計算得知帶電體 A、C 之間的靜電力大小。

　　實驗結果如庫侖所料，靜電力與電荷電量成正比，與距離的平方成反比。這一規律後來被稱為「庫侖定律」[1]。既然庫侖定律與萬有引力間存在著這樣令人驚奇的相似之處，那麼，是否在磁的世界也存在同樣的情況？隨後，庫侖對磁極進行了類似實驗，再次證明：同樣的定律也適用於磁極之間的相互作用。這就是經典磁學理論。

　　庫侖發現了磁力和電力一樣遵循平方反比律，卻並沒有進一步推測兩者的內在聯繫。和當時多數物理學家一樣，他相信物理中的能量、熱、電、光、磁，甚至化學中所有的力都可描述成像萬有引力般的超距作用[2]力，而力的強度取決於距離。只要再努力找到幾條力學定律，那整個物理理論就能完整了！

　　庫侖這種天真的想法很快就被推翻，萬有引力般的超距作用沒有那麼強大，但是庫侖定律的提出還是為整個電磁學奠定了基礎。

終成眷屬的電與磁

　　最先發現電和磁之間聯繫的，是丹麥物理學家奧斯特。

　　1820 年，奧斯特是哥本哈根大學一位頗具魅力的教授，他講

1　庫侖定律：靜止點電荷相互作用力的規律。1785 年，法國科學家庫倫由實驗得出，真空中兩個靜止的點電荷之間的相互作用力，與它們的電荷量的乘積成正比，與它們的距離的二次方成反比，作用力的方向在它們的連線上，同名電荷相斥，異名電荷相吸。

2　超距作用：物理學史上出現的關於作用力及傳遞媒介的一種觀點。這觀點認為，相隔一定距離的兩個物體之間存在著直接、暫態的相互作用，不需要任何媒質傳遞，也不需要任何傳遞時間。

課從不照本宣科，凡事講究實踐是檢驗真理的唯一標準。所以每次上課，他常常二話不說就帶著學生做實驗，學生因此很少蹺課。有一天，他在做實驗時意外發現了電流的磁效應：當導線通電流時，下方小磁鍼產生偏轉。這一驚人發現首次將電學和磁學結合了起來。有遠見的年輕人紛紛轉行投身電磁學中進行深入研究，這當中就包括數學神童——安培。

當安培得知奧斯特發現電和磁的關係，他立馬放棄了自己小有成就的數學研究，進軍物理學領域，並以敏銳的直覺提出右手螺旋定則[3]來判斷磁場[4]方向。如圖 10-2 所示，大拇指的方向為電流方向，四指的繞向為磁場方向。

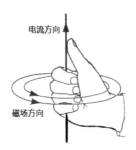

電流方向

磁场方向

圖 10-2 安培右手螺旋定則

在實驗中，安培發現：不僅通電導線對磁鍼有作用，而且兩根平行通電導線之間也有相互作用，同向電流相互吸引，反向電流相互排斥。

數理本一家，在通往物理的康莊大道上，安培沒有忘本，反而利用了老本行的優勢，將電磁學研究數學化。他在 1826 年直接推導得到了著名的安培環路定理[5]，用來計算任意幾何形狀的通電導線所產生的磁場，這一定理後來成了馬克士威方程組的基本方程之一。

安培也成了電磁學史上不容或缺的人物，被馬克士威譽為「電學中的牛頓」。

3　右手螺旋定則：也稱安培定則，是表示電流和電流激發磁場的磁感線方向間關係的定則。通電直導線中，用右手握住通電直導線，大拇指指向電流的方向，四指指向磁感線的環繞方向；通電螺線管中，用右手握住通電螺線管，四指指向電流的方向，大拇指所指的那一端就是通電螺線管的 N 極。

4　磁場：一種看不見、摸不著的特殊物質，雖然不由原子或分子組成，但磁場是客觀存在的。磁場具有波粒的輻射特性。磁體周圍存在磁場，磁體間的相互作用就是以磁場作為媒介的，所以兩磁體不用接觸就能發生作用。磁場是電流、運動電荷、磁體或變化電場周圍空間存在的一種特殊形態的物質。由於磁體的磁性來源於電流，電流是電荷的運動，因此概括地說，磁場是由運動電荷或電場的變化而產生的。

5　安培環路定理：在穩恆磁場中，磁感應強度 B 沿任何閉合路徑的線積分，等於該閉合路徑所包圍的各個電流的代數和乘以磁導率。這個結論稱為安培環路定理。安培環路定理可以由畢奧 - 薩伐爾定律導出。它反映了穩恆磁場的磁感應線和載流導線相互套連的性質。

法拉第：馬克士威背後的男人

1860 年，馬克士威見到了他生命中最重要的男人——法拉第。法拉第喚醒了馬克士威方程組中除了安培環路定理的另一個基本方程。

家境貧寒的法拉第，童年是在曼徹斯特廣場和查裡斯大街度過的。年幼的他曾在書店當裝訂工，憑著一腔孤勇，毛遂自薦成了英國皇家學院「電解狂魔」大衛的助手，從此與電磁學結下不解之緣。

1831 年，法拉第發現了磁與電之間的相互聯繫和轉化關係：只要穿過閉合電路的磁通量發生變化，閉合電路中就會產生感應電流。如圖 10-3 所示，這種利用磁場產生電流的現象稱為電磁感應，產生的電流稱為感應電流。

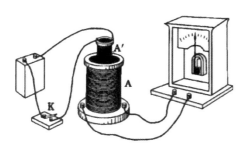

圖 10-3 電磁感應實驗

但這些觀察結果還只屬於零碎證據，電流的實質是什麼？通電線圈如何在沒有直接接觸時作用於磁鐵？運動的磁鐵如何產生電流？那時，並沒有人能夠理解它們。

大多數人還沉迷於用超距力理論解釋電和磁的現象，而法拉第卻播下了一顆與眾不同的思維火種，他以慧眼看到了力線在整個空間裡穿行，如圖 10-4 所示，這實際上否認了超距作用的存在。他還設想了磁鐵周圍存在一種神秘且不可見的「電緊張態」，即我們今天所稱的磁場。他斷定電緊張態的變化是電磁現象產生的原因，甚至猜測光本身也是一種電磁波。

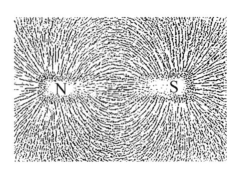

圖 10-4 法拉第力線

　　不過，將這些想法打造成為一個完整的理論，已經超出了他的數學能力，只讀了兩年小學的法拉第，數學水準還停留在加減乘除。或許，一個瞭解實驗，另一個卻精通數學，這正為法拉第和馬克士威的一見如故埋下了伏筆。

　　法拉第發現電磁感應這一年，恰逢馬克士威誕生。雖然他們擁有整整 40 歲的年齡差，可馬克士威在讀到法拉第《電學實驗研究》一書時，還是輕易就被法拉第的魅力吸引。數理功底扎實的他，決定用數學定量表述法拉第的電磁理論。

　　1855 年，馬克士威發表了第一篇電磁學論文《論法拉第的力線》，通過數學方法，他把電流周圍存在磁力線的特徵概括為一個向量微分方程，導出了法拉第的結論。而在這一年，法拉第告老退休，他看到論文時大喜過望，立刻尋找這個年輕人。可是馬克士威卻杳如黃鶴，不見蹤影。

　　直到五年後，孤獨的法拉第在 1860 年終於等來了馬克士威這個不善言辭、老實誠懇的年輕小夥，法拉第語重心長地囑咐：「你不應停留於用數學來解釋我的觀點，而應該突破它！」聽了這句話，馬克士威雖表面上波瀾不驚，內心卻洶湧澎湃，開始全力研究電磁學。

　　1862 年，馬克士威發表第二篇電磁學論文《論物理力線》，不再是簡單將法拉第理論進行數學翻譯，這次他首創了「位移電流 [6]」的概念。兩年後他發表第三篇論文《電磁場的動力學理論》，在這篇論文裡他完成了法拉第晚年的願望，驗證了光也是一種電磁波。

6　位移電流：電位移向量隨時間的變化率對曲面的積分。馬克士威首先提出這種變化會產生磁場的假設，並稱之為「位移電流」。位移電流只表示電場的變化率；與傳導電流不同，它不產生生熱效應、化學效應等。

最後，馬克士威在 1873 年出版了電磁學專著《電磁學通論》。這是電磁學發展史上的里程碑。在這部著作中，馬克士威總結了前輩們的各大定律，以他特有的數學語言建立了電磁學的微分方程組，揭示了電荷、電流、電場、磁場之間的普遍聯繫。這個電磁學方程，就是後來以他的名字著稱的馬克士威方程組。

世上最偉大的公式
馬克士威方程組

以電磁的藍色火花幻化成的四個完美公式，有積分和微分兩種綻放形式。

以積分為對象，我們來解讀馬克士威方程組專屬數學語言背後的含義。

$$\oiint_S E \cdot \mathrm{d}s = \frac{Q}{\varepsilon_0}$$

$$\oiint_S B \cdot \mathrm{d}s = 0$$

$$\oint_L E \cdot \mathrm{d}\ell = -\frac{\mathrm{d}\Phi_B}{\mathrm{d}t}$$

$$\oint_L B \cdot \mathrm{d}\ell = \mu_0 I + \mu_0 \varepsilon_0 \frac{\mathrm{d}\Phi_E}{\mathrm{d}t}$$

（1）電場的高斯定律。

第一個公式 $\oiint_S E \cdot \mathrm{d}s = \frac{Q}{\varepsilon_0}$ 是高斯定律在靜電場[7]的運算式。其中，左邊是曲面積分的運算曲面，E 是電場，$\mathrm{d}s$ 是閉合曲面上的微分面積，ε_0 是真空電容率（絕對介電常數），Q 是曲面所包含的總電荷。它表示穿過某一閉合曲面的電通量[8]與閉合曲面所包圍的電荷量 Q 成正比，係數是 $\frac{1}{\varepsilon_0}$。

在靜電場中，由於自然界存在著獨立的電荷，電場線有起點和終點，始於正電荷，終止於負電荷，如圖 10-5 所示。只要閉合面內有淨餘電荷，穿過閉合面的電通量就不等於零。計算穿過某給定閉合曲面的電場線數量，即其電通量，可以得知包含在該閉合曲面內的總電荷。

7 靜電場：觀察者與電荷相對靜止時所觀察到的電場。它是電荷周圍空間存在的一種特殊形態的物質，其基本特徵是對置於其中的靜止電荷有力的作用，庫侖定律描述了這個力。

8 電通量：在電磁學中，電通量（符號：Φ_E）是電場的通量，與穿過一個曲面的電場線的數目成正比，是表徵電場分布情況的物理量。

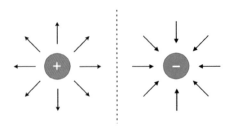

圖 10-5 靜電場電荷

9　有源場：在閉合曲面內，散度不為 0 的向量場稱為有源場。有電荷被閉合曲面包圍的電場是有源場，電場線始於正電荷，終於負電荷，如靜電場。

高斯定律反映了靜電場是有源場[9]這一特性，即它描述了電場的性質。

（2）磁場的高斯定律。

第二個公式 $\oiint_S B \cdot ds = 0$ 是高斯磁定律的運算式。其中，S、ds 物理意義同上，B 是磁場，它表示磁場 B 在閉合曲面上的磁通量等於 0，磁場裡沒有像電荷一樣的磁荷存在。

在磁場中，由於自然界中沒有磁單極子存在，N 極和 S 極是不能分離的，磁感線都是無頭無尾的閉合線，如圖 10-6 所示，所以通過任何閉合面的磁通量必等於 0，即磁場是無源場。

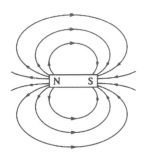

圖 10-6 磁場與磁感線

這一定律和電場的高斯定律類似，它論述了磁單極子是不存在的，描述了磁場性質。

（3）法拉第定律。

第三個公式 $\oint_L E \cdot d\ell = -\dfrac{d\Phi_B}{dt}$ 是法拉第電磁感應定律的運算式。這個定律最初是一條基於觀察得出的實驗定律，通俗來說就是「磁生電」，它將電動勢與通過電路的磁通量聯繫了起來，如圖 10-7 所示。

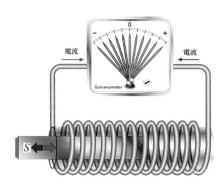

圖 10-7 電磁感應

在此式中，L 是路徑積分的運算路徑，E 是電場，dl 是閉合曲線上的微分，Φ_B 代表穿過閉合路徑 L 所包圍的曲面 S 的磁通量，$\dfrac{d\Phi_B}{dt}$ 示磁通量對時間的導數 [10]。

它表示電場在閉合曲線上的環量 [11] 等於磁場在該曲線包圍的曲面上通量的變化率，即閉合線圈中的感應電動勢 [12] 與通過該線圈內部的磁通量變化率成正比，係數是 –1。

這一定律反映了磁場是如何產生電場的，即它描述了變化的磁場激發電場的規律。按照這一規律，當磁場隨時間而變化時可以感應激發出一個圍繞磁場的電場。

（4）馬克士威－安培定律。

第四個公式 $\oint_L B \cdot d\ell = \mu_0 I + \mu_0 \varepsilon_0 \dfrac{d\Phi_E}{dt}$ 是馬克士威將安培環路定理推廣後的全電流定律。

其中，等號左邊 L、B、dℓ 物理意義同上，分別是路徑積分的運算路徑、磁場、閉合曲線上的微分；等號右邊 μ_0 是磁常數，I 是穿過閉合路徑 L 所包圍的曲面的總電流，ε_0 是絕對介電常數，Φ_E 是穿過閉合路徑所包圍的曲面的電通量，$\dfrac{d\Phi_E}{dt}$ 表示電通量對時間 t 的導數，即變化率。

這個公式表示磁場 B 在閉合曲線上的環量，等於該曲線包圍的曲面 S 裡的電流 I（係數是磁常數 μ_0）加上電場 E 在該曲線包圍的曲面 S 上的通量的變化率（係數是 $\mu_0 \varepsilon_0$）。

安培環路定理是一系列電磁定律，它總結了電流在電磁場中

10 導數：函數的局部性質。一個函數在某一點的導數描述了這個函數在這一點附近的變化率。

11 環量：一個向量沿一條封閉曲線積分，得到的結果叫環量。

12 感應電動勢：閉合電路的一部分導體在磁場裡做切割磁感線的運動時，導體中就會產生電流，產生的電流稱為感應電流，產生的電動勢（電壓）稱為感應電動勢。

的運動規律，如圖 10-8 所示。安培定律表明，電流可以激發磁場，但它只限用於穩恆磁場。

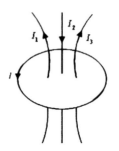

圖 10-8 安培環路定理

　　因此，馬克士威將安培環路定理推廣，提出一種位移電流假設，得出一般形式下的安培環路定律，揭示出磁場可以由傳導電流激發，也可以由變化電場的位移電流激發。

　　傳導電流和位移電流合在一起，稱為全電流，這就是馬克士威─安培定律。這一定律反映了電場是如何產生磁場的，即描述了變化的電場激發磁場的規律。這一規律和法拉第電磁感應定律相反：當電場隨時間變化時，會誘導一個圍繞電場的磁場。

　　一言以蔽之，這一組積分方程由四個公式組成，其中兩個關於電場，兩個關於磁場，一起反映了空間某區域的電磁場量和場源之間的關係。從數學上來說，積分和微分互為逆運算。因此，如果將這一組積分方程進行轉化，就可以得出一組如下的微分方程，兩者物理意義是等價的。在實際應用中，微分形式會出現得更頻繁。

$$\nabla \cdot E = \frac{\rho}{\varepsilon_0}$$

$$\nabla \cdot B = 0$$

$$\nabla \times E = -\frac{\partial B}{\partial t}$$

$$\nabla \times B = \mu_0 J + \mu_0 \varepsilon_0 \frac{\partial E}{\partial t}$$

它們表明，電場和磁場彼此並不孤立，變化的磁場可以激發渦旋電場，變化的電場也可以激發渦旋磁場，它們永遠密切地聯繫在一起，相互激發，組成一個統一的電磁場整體。

這就是馬克士威方程組的核心思想。

英國科學期刊《物理世界》曾讓讀者投票評選「最偉大的公式」，榜上有名的 10 個公式裡有著名的 $E=mc^2$、複雜的傅立葉變換、簡潔的歐拉公式……最終，馬克士威方程組排名第一，成為「最偉大的公式」。

或許，並不是每個人都能看懂這個公式，但任何一個能把這幾個公式看懂的人都一定會感到震撼，怎麼有人能歸納出如此完美的方程組？這組公式融合了電的高斯定律、磁的高斯定律、法拉第定律及安培定律，完美揭示了電場與磁場相互轉化中產生的對稱性，統一了整個電磁場。對此，有人評價說：「普遍地，宇宙間任何的電磁現象，皆可由此方程組解釋。」

光電磁一統江湖

與後世獲得如此盛譽相反的是，馬克士威方程組首次亮相時幾乎無人問津。

馬克士威預言了電磁波的存在，並從方程組中推測出光是一種電磁波。這些想法驚世駭俗，並不被當時大多數人接受。人們對於這個尚未得到實驗驗證的理論懷疑甚深，世界上只有少數科學家願意接受這個理論並給予支持，赫茲就是其一。

他是第一個研究驗證馬克士威觀點的人，儘管他與馬克士威素未謀面，卻對這位前輩的理論深信不疑，並自 1886 年起就孜孜不倦投入尋找電磁波的研究之中。赫茲的實驗裝置極為簡單，主要是由他設計的電磁波發射器和探測器組成。有趣的是，這項實驗拉開了無線電運用的序幕，成了後來無線電發射器和接收器的開端。如圖 10-9 所示，兩塊鋅板都連著一根端上裝著銅球的銅棒，兩個銅球離得很近。兩根銅棒分別與高壓感應圈的兩個電極相連，這就是電磁波發生器。在離發生器 10m 遠的地方放著電磁波探測

器，那是一個彎成環狀、兩端裝有銅球的銅棒，兩個銅球間的距離可用螺旋調節。

圖 10-9 赫茲實驗示意圖

　　如果馬克士威是對的，那麼合上電源開關時，發射器的兩個銅球之間就會閃出耀眼的火花，產生一個振盪的電場，同時引發一個向外傳播的電磁波，在空中飛越穿行，到達接收器，在那裡感生電動勢，從而在接收器的開口處也同樣激發出電火花。

　　實驗室裡，赫茲把門窗遮得嚴嚴實實，不讓一絲光線射進來。他再一次緊張地調著探測器的螺釘，讓兩個銅球越靠越近。突然，兩個銅球的空隙也冒出微弱的電火花，一次、兩次、三次，他沒有看錯，這就是電磁波！兩年來，歷經千百次探究，赫茲終於成功用實驗證明了電磁波的存在。此後，再也沒有人能夠質疑馬克士威的理論。比這個更值得欣喜的是，1888 年的初春，赫茲通過其他實驗，證明了光是一種電磁現象，可見光是電磁波的一種。

　　在馬克士威年代尚屬完全未知的不可見光，經赫茲的研究呈現在人們的視野中。無處不在的電磁波在人類文明發展中發揮了巨大威力，成為現代科技的源泉。正如赫茲所感慨的：「馬克士威方程組遠比它的發現者還要聰明。」

　　以後人的角度來看，這組方程的最大貢獻在於明確解釋了電磁波怎樣在空間傳播。根據法拉第感應定律，變化的磁場會生成電場；根據馬克士威－安培定律，變化的電場又生成磁場。正是這不停地迴圈使電磁波能夠自我傳播，如圖 10-10 所示。

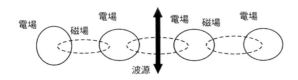

圖 10-10 電磁波傳播圖

這種對物質世界的新描繪，打破了當時固有的思維，引起一片譁然。

光的本性是什麼？究竟是粒子還是波？有關這個問題，人類已喋喋不休爭論了幾個世紀。第一次波粒大戰發生在 17 世紀，牛頓以「光的色散實驗」直搗虎克擁護的波動說，那時虎克已垂垂老矣，波動說被牛頓打入「冷宮」一百多年。

直到湯瑪斯·楊的雙縫干涉實驗的出現，才吹響了第二次波粒戰爭的號角，波動說臥薪嚐膽，終於找到了絕地反擊的機會。尤其在馬克士威預言「光是一種波」及這一預言為赫茲的實驗所證實後，波動說更是意氣風發，把微粒說弄得灰頭土臉。

當時，馬克士威提出，電可以變成磁，磁可以變成電，電和磁的這種相互轉化和振盪不就是一種波嗎？電磁場的振盪是週期存在的，這種振盪稱為電磁波，一旦發出就會通過空間向外傳播。更神奇的是，當他用方程計算電磁波的傳播速度時，結果接近 300000km/s，恰與光的傳播速度一致。這顯然不只是一個巧合。

電磁波就是光，光就是電磁波！

借助馬克士威的發現和赫茲的驗證，人類成功在認識光的本質上跨越了一大步。波動說也開始開疆擴土，太陽光不過是電磁波的一種可見的輻射形態。我們向不可見光進軍，從無線電波到微波，從紅外線到紫外線，從 X 射線到 Y 射線……將這些電磁波按照波長或頻率的順序排列起來，就形成了電磁波譜。

這些電磁波譜有很大的用處，無線電波用於通信、微波用於微波爐、紅外線用於遙控、紫外線用於醫用消毒……這些不同形式的「光」逐漸組成了現代科技的基石之一。因此可以說，如果沒有馬克士威，收音機、電視、雷達、電腦等有關電磁波的東西都將不復存在。

完成了科學史上第二次偉大統一之後，馬克士威於 1879 年溘然長逝。也就在這年，一個嬰兒誕生了，這個嬰兒名為愛因斯坦。

52 年後，這個嬰兒長大成人，他於馬克士威百年誕辰的紀念會上盛讚馬克士威對物理學做出了「自牛頓以來的一次最深刻、最富有成效的變革」。愛因斯坦一生都以馬克士威方程組為科學美的典範，試圖以同樣的方式統一引力場，將宏觀與微觀的兩種力放在同一組公式中。

往後，此一信念深刻影響了整個物理界，在大統一理論（Grand Unified Theories, GUT）[13] 這條路上，物理學家們前赴後繼地探究著科學。

結語
黑暗從此消失

如果說 17 世紀是一部牛頓力學史，那麼 19 世紀便是一部馬克士威電磁學史。

17 世紀，牛頓定律催生出蒸汽機，機器首次取代人力，人類進入蒸汽時代。

19 世紀，馬克士威方程組啟迪了愛迪生等發明家，電取代了蒸汽，人類進入電氣時代。相比於自然律隱沒在黑暗中，馬克士威方程組突破了自然律，讓黑暗從此消失。

1888 年，赫茲實驗裡那束微弱的只有指縫大小的電火花，讓光與電、電與磁處於電磁力的統一掌握之中，人類文明呈幾何級迅猛前進。比赫茲料想得更為驚人的是，在他死後的第七年，1901 年，那束電火花又通過無線電報穿越大西洋，實現了全球的即時通信。人類跨入了一個嶄新的資訊時代。

13 大統一理論：又稱為萬物之理。理論上，宇宙間所有現象都可以用萬有引力、電磁力、強相互作用力及弱相互作用力這四種作用力來解釋。進一步研究四種作用力之間的聯繫與統一，尋找能統一說明四種相互作用力的理論或模型稱為大統一理論。

11

質能方程：開啟潘朵拉的魔盒

$$E = mc^2$$

一粒塵埃，
也蘊含著人類無法想像的巨大能量。

1 「小男孩」：第二次世界大戰時美國在日本廣島投擲首枚原子彈的名稱。其裝有 60kg 的鈾 -235，當中只有約 1kg 在爆炸中進行了核裂變，釋放的能量約相等於 13000 頓 的 TNT 烈性炸藥，即大概為 $5.5×10^{13}$J。

2 伊皮米修斯：希臘神話中普羅米修士的弟弟，名字寓意為「後悔」。在潘朵拉到來之前，普羅米修士曾預言宙斯的報復，伊皮米修斯聽從哥哥告誡，小心謹慎，但在潘朵拉來時疏忽提防，直到潘朵拉打開魔盒時才意識到後果的嚴重性。

1945 年，一枚 0.6g 物質轉化成能量的原子彈「小男孩」[1] 摧毀了整座日本城市，核質量不過是一顆氣槍子彈的質量。

「小男孩」裂變的那一刻，天地發出了令人眼花目眩的白色閃光，伴隨著橫掃一切的衝擊波，火柱拔地而起，廣島市頃刻淪為一片火海。成千上萬人瞬間因強烈的輻射光雙目失明，衝擊波形成的熱浪又把所有的建築物摧毀殆盡。處在爆炸中心的人和物完全被炭化，連綿幾日的放射雨使一些人在未來 20 年裡緩慢走向死亡……據傳，愛因斯坦聽到這個消息時，如伊皮米修斯[2] 一般悔恨不已。但一切都太遲了，巨大的蘑菇狀煙雲帶著殺戮、恐懼、痛苦、災難與死亡席捲了整個廣島。

17 萬生命的血祭，人類第一次切身感受到了 $E=mc^2$ 的威力。

儘管第二次世界大戰因為「小男孩」的爆炸敲響了落幕鐘聲，但所有人都知道，潘朵拉魔盒[3] 已然開啟。愛因斯坦以天才慧眼看透了質能轉換的秘密，打通了人類獲取能量的光輝之路，但同時也打開了一個科技的潘朵拉魔盒。

千百年來，質能各自守恆

遠古時期，古人類通過鑽木取火實現能量的轉化。漫天大雪，燃燒的木塊釋放熱能，在一片銀白中散發著幽幽火光，驅逐野獸，帶來溫暖。火苗熄滅，僅剩幾縷煙氣與殘留的灰燼，古人在洞裡也能愜意安睡到天亮。他們不知道的是，木頭和氧氣燃燒後，儘管算上燃燒後各種氣體及灰燼的質量，還是比原先的木頭輕了點。這部分消失的質量，已經悄悄轉化成能量。

二十世紀以前，人們沒有關注過這些消失的質量，在他們看來，質量與能量是兩條毫不相關的平行線，一個是物質的本身屬

3 潘朵拉魔盒：潘朵拉是希臘神話中宙斯為懲罰普羅米修士造人和盜火而送給人類的第一個女人。根據神話，潘朵拉打開魔盒，釋放出入世間的所有邪惡──貪婪、虛偽、誹謗、嫉妒、痛苦等，但潘朵拉卻照眾神之王宙斯的旨意趁希望沒有來得及釋放時，又蓋上了盒蓋，最後把它永遠鎖在盒內。

性，一個是物質的運動屬性。科學家也一直把自然界的所有現象劃分到這兩個領域進行研究。一個是物體的物理實在——質量，一個是使物體具有運動能力的源泉——能量，質能規律互不交叉。

19世紀的科學一直在質量與能量這兩根「擎天柱」的支撐下發展，而能量這根「擎天柱」，最早由法拉第發現。

法拉第是一個動手能力極強的裝書匠，數學程度一般，但物理直覺一流，甚至被當時學界領袖、也就是他的老闆大衛所嫉妒。法拉第不僅能看到別人看不到的力線，還在融合電與磁的現象中發現了「普遍能量」：電池中的化學反應產生了導線中的電流，電與磁的相互作用產生了運動……在各種看似不相關的現象背後，法拉第獨具慧眼地意識到，可以用「能量」將其統一起來。

法拉第之後，繼承了父親酒廠卻無心家業的焦耳在研究熱的本質實驗中發現：用不同方法求熱功當量[4]，結果都是一樣的，即熱和功之間應該存在著某種轉換關係。

這到了後來發展成著名的「能量守恆定律」：能量不會憑空產生，也不會憑空消失，只能從一個物體傳遞給另一個物體，而且能量形式可以互相轉換，總量保持不變。至於質量這根「擎天柱」，則在化學界大放光彩，拉瓦節為此做出重要貢獻。

拉瓦節的正經職業其實是稅務官，但一到晚上他就變身化學家，在歐洲最先進的私人實驗室進行研究。1774年10月，在一個巴黎小圈子的晚宴上，普利斯特里（Joseph Priestley）向拉瓦節描述了一個神奇現象，從氧化汞中可以提取一種「生命之氣」，小白鼠在其中的存活時間比在等體積普通的空氣中長約4倍。一聽這話，拉瓦節激動不已，他在實驗室裡待了二十多天，一直在進行汞灰的合成和分解，如圖11-1所示。實驗結束時，鐘罩裡的空氣體積確實大約減少了$\frac{1}{5}$。後來，拉瓦節把這$\frac{1}{5}$的「生命之氣」命名為「氧氣」，他決定逆向做一次普利斯特里的實驗[5]，用氧氣和光澤金屬重新合成氧化汞。拉瓦節驚奇地發現，前後物質的質量竟完全一樣。這是科學史上的偉大時刻，質量守恆定律被徹底證明，即在化學反應前後，參加反應的各物質的質量總和，等於反應後生成的各物質的質量總和，這也成為現代化學的基本定律。

4　熱功當量：熱量以卡為單位時，與功的單位之間的數量關係，相當於單位熱量的功的數量。英國物理學家焦耳首先用實驗確定了這種關係。

5　普利斯特里的實驗：普利斯特里分別做了三個實驗，將小白鼠放在太陽照射下的密閉空間，小白鼠很快死亡；將植物放在太陽照射下的密閉空間，植物正常存活；將小白鼠和植物一起放置在太陽照射下的密閉空間，小白鼠能存活一段時間。這三個實驗揭示了空氣中存在著多種氣體，而非單一的「燃素」。

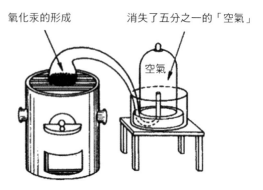

氧化汞的形成　　　　　消失了五分之一的「空氣」

圖 11-1 拉瓦節加熱汞實驗

一束光的秘密

　　能量和質量似兩條互不干擾的平行線，沿著各自軌跡獨立發展。根據能量守恆定律和質量守恆定律，人們也始終篤信：在一個封閉系統中的總質量和總能量各自存在，不會發生變化，兩者間也沒有任何聯繫。

　　但大腦異於常人的愛因斯坦說：不，你們錯了。

　　二十世紀前，科學界的經典物理學氣勢恢宏，能量守恆和質量守恆已成了不可撼動的兩大鐵律，但是新的量子風暴正在被「一束光」偷偷點燃。

　　那束「光」究竟是什麼？在愛因斯坦誕生之前，科學家追尋了這個問題幾百年，直到馬克士威成功預言，並被赫茲在實驗中證實後，「光是一種波」這個概念，才被大部分人認可。但無法忽視的是，仍然有人堅信光是粒子，歷史在等愛因斯坦來證明這一點。

　　當時，幾乎所有頂尖科學家都參與了光的波粒之爭，唯有愛因斯坦緘默不言，獨自揣摩赫茲的光電實驗，對物理界的兩位「常客」能量和質量展開了背景調查。

　　首要調查對象是普朗克提出的「量子」概念。普朗克在黑體輻射實驗中導出了能量不連續性的圖像，如果能量是一份一份的，那麼馬克士威理論首當其衝受到質疑。普朗克將這種現象定義為

「量子」化。年輕的愛因斯坦被量子思想魅惑，他認真總結了光電效應和電磁理論的不協調之處，離經叛道地假定，「光是一個由能量量子（光子）組成的不連續介質」。

他認為，每個光子都帶有特定量的能量，這一能量與光的頻率成正比：$E=hv$。其中，E 是一個量子的能量，h 是普朗克常數[6]（$6.626×10^{-34}$J·s），v 是輻射頻率。這一公式，不亞於任何一位諾貝爾物理學獎得主一生的成就，可對於愛因斯坦來說，這只是他所邁出的一小步。光速本身更令愛因斯坦著迷，這種著迷最早可追溯到他的學生時代，在阿勞中學補習時，他就曾思考：如果一個人以光速運動，他將看到一個怎樣的世界？

既然光是電磁場的波動，那一個人以光速運動時，豈不是會看到一個不隨世界變化的波長？那會是個停滯的、不動的電磁場嗎？這似乎並不可能，即使他的速度達到了 $30×10^4$km/s，他也不可能追上光，光相對於他似乎不會靜止，如圖 11-2 所示。

圖 11-2 光速運動示意圖

愛因斯坦一直想不通，在牛頓經典世界裡，按照速度疊加法，不同慣性參照系（Inertial Frame of Reference）[7]的光速不同，如 A、B 兩個運動狀態的物體，速度分別是 V_A、V_B，牛頓認為它們的合速度是 $V_合=V_A+V_B$，可在馬克士威方程中光速是一個常數恆量 c，這似乎與「追光者」故事矛盾。

所以，光速究竟是不變的，還是可變的量？糾結了近半個月後，愛因斯坦認為，「光速的絕對性」是一條應該堅持的基本原理，

6 普朗克常數：記為 h，是一個物理常數，用以描述量子大小，在量子力學中佔有重要地位，由馬克斯·普朗克在 900 年研究物體熱輻射的規律時所發現。

7 慣性系：牛頓運動定律在其中有效的參考系，又稱慣性坐標系，簡稱慣性系。對一切運動的描述，都是相對於某個參考系的。參考系選取的不同，對運動的描述，或者說運動方程的形式，也隨之不同。

8 絕對時空觀：由
牛頓提出。他認為時
間和空間是兩個獨立
的概念，彼此間沒
有聯繫，分別具有絕
對性。

對此，他稱其為光速不變原理。

這是他研究光的一大步，真正的常數是光速，而不是時間和空間。是的，這個想法完全顛覆了牛頓的絕對時空觀[8]，在經典力學裡，世界是絕對運動的，時間與空間是絕對的。但愛因斯坦犀利指出，我們無法發現光速不變這條原理，那是因為空間和時間都是相對的，它們取決於參照系。

在這一刻，二十世紀的物理大廈被撕開了一條革命的裂縫，一束光照射了進來，相對性原理和光速不變原理使得「狹義相對論」漸漸從經典力學中脫離出來。

但愛因斯坦還沒有停止對光的思考。

這位窺見了「光量子與能量」之秘的追光青年，繼續狡黠地晃動腦袋，瞪大眼睛吐了吐舌頭，接著用那束光為質量與能量畫上了完美的「等號」。

大道至簡的 $E=mc^2$

1905 年，在光量子與狹義相對論的基礎上，愛因斯坦寫下著名的 $E=mc^2$，光速的平方緊緊將能量與質量聯繫了起來，能量和質量開始合為一個整體 —— 質能。

式中，E 為能量（J）；m 為質量（kg）；c 為真空中的光速（m/s），$c=299792458m/s$。該式整體表述為：能量等於質量乘以光速的平方。一眼看去，$E=mc^2$ 簡潔又樸實，但就像大智者往往若愚，它打破了我們對狹義相對論的兩個假設。

（1）任一光源所發之球狀光在一切慣性參照系中的速度都各向同性恆為 c。

（2）所有慣性參考系內的物理定律都是相同的。

9 伽利略變換：經
典力學中用以在兩個
只以均速相對移動的
參考系之間變換的方
法，屬於一種被動態
變換。伽利略變換明
顯成立的公式在物體
以接近光速運動時，
或者是電磁過程中不
會成立，這是由相對
論效應造成的。

上文中提到的 A、B 兩個物體的合速度，在牛頓經典力學體系中表示為 $V_合=V_A+V_B$，這也是物理學中著名的伽利略變換[9]。伽利略變換是整個經典力學的支柱，該理論認為空間是獨立的，與在其中運動的各種物體無關；而時間是均勻流逝、線性的，在任

何觀察者眼裡都是相同的。

例如，當時間 $t_1=t_2=0$ 時，O_1 和 O_2 坐標系的原點是重合的。計時開始後，O_2 坐標系（運動參考系，簡稱動系）相對 O_1 坐標系（基本參考系，簡稱靜系）沿 O_1X_1 軸做勻速直線運動（速度為 v）。同一個事件 S 在兩個坐標系 O_1 和 O_2 中的座標分別為（x_1, y_1, z_1, t_1）和（x_2, y_2, z_2, t_2），如圖 11-3 所示。

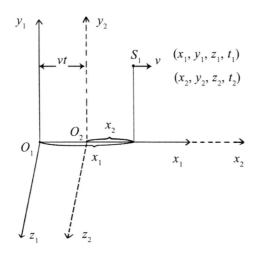

圖 11-3 伽利略座標變換

其中 S 在兩個參照系中的座標關係如圖 11-4 所示。

伽利略變換
$$\begin{cases} x_2 = x_1 - vt_1 \\ y_2 = y_1 \\ z_2 = z_1 \\ t_2 = t_1 \end{cases}$$

在伽利略變換中，參照系 O_2 相對 O_1 以速度 v 勻速前進。

S 在兩個參照系中的坐標系是 $x_2=x_1-vt_1$，其中 y、z 均相同。

時間 t 也相同，這表明伽利略變換下的時空是絕對的。

圖 11-4 伽利略變換方程組

在定義中，伽利略變換的時間相同，S 在參照系 O_1 和 O_2 的時間是一致的，而這恰恰與狹義相對論的時空相對性假設相矛盾。事實上，在愛因斯坦提出狹義相對論之前，人們就觀察到許多與常識不符的現象。

10 邁克生─莫雷實驗：1887年，阿爾伯特・邁克生（Albert Michelson）與愛德華・莫雷（Edward Morley）在美國克里夫蘭進行的實驗，這是為了觀測乙太是否存在而做的實驗，該實驗最終並未觀測到地球相對於乙太的運動。

11 乙太：由古希臘哲學家亞里斯多德設想的一種物質，亞里斯多德認為物質元素除了水、火、氣、土之外，還有一種居於天空上層的乙太。這是物理學史上一種假想的物質觀念，其內涵隨物理學發展而演變。後來，乙太又在很大程度上作為光波的荷載物，同光的波動學說相連繫。牛頓認為乙太是引力作用的可能原因。19世紀，乙太又被物理學家認為是電磁波傳播的介質，經過更深入的研究，乙太被捨棄。

12 勞倫茲變換：最初在19世紀被物理學家勞倫茲用來解決經典力學中的矛盾，後來成為狹義相對論中兩個做相對勻速運動的慣性參考系（S和S'）之間的座標變換，是觀測者在不同慣性參考系之間對物理量進行測量時所進行的轉換關係。在數學上表現為一套方程組。

（1）邁克生─莫雷實驗[10]沒有觀測到地球相對於乙太[11]的運動。

（2）運動物體的電磁感應現象表現出相對性 —— 是磁體運動還是導體運動其效果一樣。

（3）電子的慣性質量隨電子運動速度的增加而變大。

此外，電磁規律（馬克士威方程組）在伽利略變換下也不是不變的，即牛頓力學中的伽利略相對性原理並不滿足電磁定律，這一現象使經典物理大廈搖搖欲墜。見大廈將傾，物理學家勞倫茲提出了勞倫茲變換[12]。然而，他還是無法解釋這種現象發生的原因，只是根據當時的觀察事實寫出了勞倫茲變換，而後由愛因斯坦的狹義相對論發展了勞倫茲變換。在勞倫茲變換中，上述的同一個事件 S 在參照系 O_1 和 O_2 中的關係如圖 11-5 所示。

$$洛倫茲變換 \begin{cases} x_2 = \dfrac{x_1 - vt}{\sqrt{1 - \dfrac{v^2}{c^2}}} \\ y_2 = y_1 \\ z_2 = z_1 \\ t_2 = \dfrac{t_1 - \dfrac{v}{c^2}}{\sqrt{1 - \dfrac{v^2}{c^2}}} \end{cases}$$

相比於伽利略變換，在勞倫茲變換中，

根據光速不變原理，相對於任何慣性參考系，光速都具有相同的數值，時間則是相對的 $\quad t_2 = \dfrac{t_1 - \dfrac{v}{c^2}}{\sqrt{1 - \dfrac{v^2}{c^2}}}$

圖 11-5 勞倫茲變換方程組

由此，愛因斯坦以光為參照系，得出時空是相對的，從數學上佐證他提出的鐘慢尺縮[13]現象。

13 鐘慢尺縮：又稱時慢尺縮，由愛因斯坦的狹義相對論特別提出的論斷。當一個物體運動速度接近光速，物體周圍的時間會迅速減慢，空間會迅速縮小。當物體運動速度等於光速，時間就會停止，空間就會微縮為點，即出現零時空。只有零靜止質量的物體才能達到光速，沒有物體可以超越光速。

另外，也正因為牛頓力學的絕對時空觀並不適用於接近光速和達到光速的情況，所以基於勞倫茲變換，從狹義相對論中的動能定理[14]開始推導，動能定理是滿足任何情況的。動能定理的公式為：

$$E_k = \frac{1}{2}mv^2 = \int_0^x F\mathrm{d}x$$

這裡我們將合外力 F 寫為動量 P 對時間 t 的導數，即

$$F = \frac{\mathrm{d}P}{\mathrm{d}t}$$

位移寫為速度的形式，即

$$\mathrm{d}x = v\mathrm{d}t$$

將上面兩個公式代入動能的運算式，得：

$$E_k = \int_0^x F\mathrm{d}x$$

$$E_k = \int_0^P \frac{\mathrm{d}P}{\mathrm{d}t}v\mathrm{d}t$$

$$E_k = \int_0^P v\mathrm{d}P$$

這裡速度和動量都是變數，由分部積分法得：

$$E_k = \int_0^P v\mathrm{d}p = vP - \int_0^v P\mathrm{d}v$$

由狹義相對論知識，物體運動的質量 m 和其靜止的質量 m_0 之間的關係為：

$$m = \frac{m_0}{\sqrt{1 - \dfrac{v^2}{c^2}}}$$

結合動量 P 的定義為：

$$P = mv = \frac{m_0 v}{\sqrt{1 - \dfrac{v^2}{c^2}}}$$

將 P 代入動能的表達式，得：

14 動能定理：物體運動的始末狀態，通過運動過程中做功時能的轉化求出始末狀態的改變量。但是總的能是遵循能量守恆定律的，能的轉化包括動能、勢能、熱能、光能等能的變化。

$$E_k = vP - \int_0^v P\,\mathrm{d}v = \frac{m_0 v^2}{\sqrt{1 - \dfrac{v^2}{c^2}}} - \int_0^v \frac{m_0 v}{\sqrt{1 - \dfrac{v^2}{c^2}}}\,\mathrm{d}v$$

$$= \frac{m_0 v^2 c}{\sqrt{c^2 - v^2}} - m_0 c \int_0^v \frac{v}{\sqrt{c^2 - v^2}}\,\mathrm{d}v$$

上述表達式裡定積分的函數原型為：

$$\int \frac{x}{\sqrt{a^2 - x^2}}\,\mathrm{d}x = -\sqrt{a^2 - x^2}$$

代入求解定積分原型，得：

$$E_k = \frac{m_0 v^2 c}{\sqrt{c^2 - v^2}} - m_0 c \int_0^v \frac{v}{\sqrt{c^2 - v^2}}$$

$$= \frac{m_0 v^2 c}{\sqrt{c^2 - v^2}} + m_0 c \sqrt{c^2 - v^2}\,\Big|_0^v$$

$$= \frac{m_0 v^2 c}{\sqrt{c^2 - v^2}} + m_0 c (\sqrt{c^2 - v^2} - c)$$

$$= m_0 c \left(\frac{v^2}{\sqrt{c^2 - v^2}} + \sqrt{c^2 - v^2} \right) - m_0 c^2$$

　　而上述運算式的第一項就完整包含了狹義相對論中物體運動中的質量運算式，則上述方程寫為：

$$E_k = c^2 \frac{m_0}{\sqrt{1 - \dfrac{v^2}{c^2}}} - m_0 c^2 = mc^2 - m_0 c^2$$

　　從這我們得到了在狹義相對論的世界觀中，動能 E_k 的數學運算式，其中 m_0 有兩種情況的變化：一為增大，即隨運動速度增大而增大的質量；另一為質量減少或虧損，質量虧損主要是由反應前後體系能量變化而導致的。例如，二戰時投到日本的原子彈「小男孩」，就是利用了核反應前後質量之差所產生的巨大能量。

　　另外，在狹義相對論世界觀裡，一切物理屬性具有相對論效應，所以物體靜止時也具有能量，我們稱之為靜能，其運算式 E_0 為：

$$E_0 = m_0 c^2$$

我們設 E 表示物體在運動總過程裡所具有的總能量，則 E 的運算式為其靜能和動能之和，即

$$E = E_k + E_0 = mc^2 - m_0c^2 + m_0c^2 = mc^2$$

至此，愛因斯坦大手一揮，大道化簡地統一了物質和運動，用一個 $E=mc^2$ 把在經典力學中彼此獨立的質量守恆和能量守恆定律結合了起來，成了統一的質能守恆定律。質量就是能量，能量就是質量；時間就是空間，空間就是時間。

改變世界的公式

$E=mc^2$ 看似簡潔，卻能夠描寫一個小到原子，大到整個宇宙的世界。

它喻示著，質量其實是一種超濃縮的能量。而超濃縮，正是質能方程最神奇的地方。對於人類而言，光速的平方（c^2）是一個巨大的天文數字，光速為 30×10^4km/s，平方後得到的是 900 億。如果將 1g 的質量全部轉化為能量，足以與 1000t TNT 炸藥[15] 爆破的能量匹敵；如果全部轉變成電能，則足夠維持一個 100W 的燈泡持續持續亮上 35000 年。

即使是物質粒子，也可能迸發出驚人的能量。當一個不穩定的大原子核（主要指鈾核或鈽核）分裂成兩個小原子核，兩個小原子核的質量加在一起總是小於原來的大原子核，而虧損的質量就轉化為了巨大的能量。這些能量足以摧毀一座城市，如此一來，也就有了廣島那枚噩夢般的原子彈，如圖 11-6 所示。

11

質能方程：開啟潘朵拉的魔盒

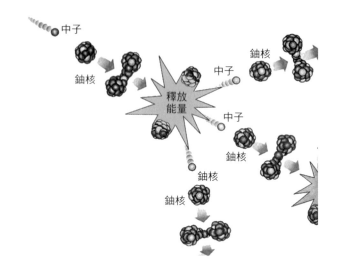

圖 11-6 原子彈核裂變

　　第二次世界大戰期間，因為擔心德國先行研究出原子彈，愛因斯坦寫信建議美國總統羅斯福儘快研發原子彈。但在愛因斯坦心中，他認為人類至少需要 100 年才能找到方法釋放這些能量。可僅僅到了 1945 年，美國就將兩顆原子彈投到日本的廣島和長崎。愛因斯坦能輕易計算出物質能量，卻沒辦法計算出人性能量。魔盒的打開讓無數生命墜入了災難深淵，回憶起那場驚變，晚年的愛因斯坦痛心疾首地稱那封信是他生命中「一次巨大錯誤」。

　　當然，$E=mc^2$ 這個公式也可能是人類面臨地球能源枯竭時的救命稻草。除了原子彈，核電站是核裂變常見的另一個應用。核電站利用原子核裂變反應釋放出能量，經能量轉化而發電。如圖 11-7 所示的壓水堆核電站，它與濃煙滾滾的火力發電類似，核燃料在反應堆中進行鏈式裂變反應，原子能轉換為熱能，熱能將水加熱為蒸汽，用蒸汽推動汽輪機，帶動發電機發電。根據能量轉換觀點分析，基本過程是核能→內能→機械能→電能。

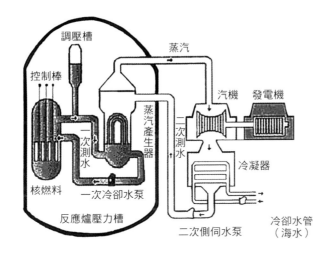

圖 11-7 壓水堆核電站發電原理

　　與火力發電相比，核反應所放出的熱量較燃燒化石燃料所放出的能量要高很多（約百萬倍），而所需燃料體積與火力電廠相比少很多，這與 $E=mc^2$ 的超濃縮概念恰恰吻合。

結語
人類會毀在自己手裡嗎？

　　達爾文在《物種起源》中提出「物競天擇」理論，然而在宇宙演化和物種大滅絕中，越原始、越低級的生物，生存能力雖弱，生存狀態卻越穩定；越先進、越高級的物種，生存能力雖強，滅絕速度卻越快。恐龍作為中生代最高級的物種，它在地球上只存在了一億六千萬年，驟然滅絕；而最早最原始的單細胞生物，卻一直活到今天。

　　高級物種時刻面臨著生存危機，能力越強，存在的狀態越惡劣。

　　縱觀人類進化史，此一現象同樣顯著。千百年來，人類最富智慧的大腦一直努力提升我們的生存能力，從馴養馬力到發現引

力，從掌握電力到利用核能。直到今天，環境污染、生態破壞、氣候異常等現象全面爆發，我們面臨的是越來越緊張的生死存亡的困境。我們試圖用科技來拯救自己，然而每次的進步都可能在下一秒就給自己帶來更大的危機，這是一個無解的悖論。

在光的追問中，愛因斯坦用一個魔法般的公式將宇宙間的能量和物質聯繫了起來，為人類尋找到了一種「終極能量」。但猶如神話裡盜取了火種一般，人類在掌握核裂變的巨大能量的同時也打開了潘朵拉魔盒。聯合國曾統計，全世界的核武器相當於全球幾十億人屁股下埋了 2.5t TNT 炸藥。

人類為什麼要這麼做？這是一個比推導出 $E=mc^2$ 公式還要難的命題。

12

薛丁格方程：貓與量子世界

$$i\hbar \frac{\partial \psi}{\partial t} = -\frac{\hbar^2}{2\mu} \nabla^2 \psi + U(\vec{r})\psi$$

貓，徘徊於宏觀與微觀世界之間。

日本作家夏目漱石有一本書叫《我是貓》。

書中，這隻貓說：「我不了解是什麼力量在推動地球的旋轉，但我知道推動整個社會運轉的力量是金錢。」貓的清高孤傲，睥睨寰宇的神態被描繪得淋漓盡致。

貓眼看世界，完全是一種上帝視角。這種令人「敬畏」的氣質使貓更加讓人不可捉摸，你永遠不知道它半夜去了哪裡，當你偶爾在黑夜裡捕捉到它的行蹤，它只會回頭對你冷眼一瞥，讓你不寒而慄。

貓身上隱藏著很多秘密，如果這個世界真的還存在某個平行世界，那它很可能是貓的地盤。這一切，要從量子力學說起。

量子力學：無垠的荒漠

量子力學創建之初，這裡是一片無垠的荒漠，別說經驗和方法論，就連人影也沒有幾個。

在這個嶄新的世界，物理學家習慣用傳統經典力學的方法解釋微觀粒子，如波耳提出的「原子模型」，假設電子在幾個固定軌道上運動，這就是一種典型的「宏觀思維」。儘管波耳在其中加入了量子的概念（電子躍遷），但始終無法逃脫經典力學的陰影，所以物理學家們稱波耳的原子模型是「半量子、半經典」的。這種局限導致微觀粒子的奇特行為無法得到合理解釋，此時的量子力學亟需一套全新的理論去解釋微觀的世界。

作為波耳的入室弟子海森堡看到老師面臨各種窘境，自告奮勇創建了演算法極其抽象的矩陣力學來解釋微觀粒子的現象。但海森堡矩陣力學的基礎是不連續的粒子性，而且演算極其複雜，全世界也只有量子力學的「二當家」玻恩等人能看得明白，所以矩陣力學在當時引起的反響並不大。

後來，讓全世界接受微觀粒子基礎理論的是薛丁格方程，由奧地利物理學家薛丁格提出。薛丁格是一位極有靈氣的科學家，當他聽說德布羅意在 1924 年提出了「物質波」，即所有物質都有

波動性，薛丁格一躍而起，開始展示自己的整合能力。據薛丁格解釋，他對量子力學的激情來自耶誕節假期與情人的幽會。短短不到五個月時間，薛丁格一連發表了六篇論文，建立起波動力學的完整框架，系統地回答了當時已知的實驗現象。

薛丁格推斷，如果德布羅意的看法正確，那麼勢必存在一個波動的數學方程，能夠描述電子等亞原子粒子的運動，就像描述海上波浪的運動方程一樣。他認為海森堡的矩陣力學太過矯情，故弄玄虛讓大家都看不懂。他認為光是「粒」還是「波」，根本沒那麼複雜，量子性不過是微觀體系波動性的反映，只要把電子看成德布羅意波，用一個波動方程表示即可。

為了構建波動方程，薛丁格利用了經典力學中物體能量與動量的關係，並代入德布羅意的粒子動量與波長、普朗克常數（$\hbar=6.62607015\times10^{-34}$ J·s) 關係的數學法則，試圖為這片荒漠新世界找出一個新的普適理論。

1　波函數：量子力學中描述微觀系統狀態的函數，是描述粒子的德布羅意波的函數。

發現一隻不生不死的貓

1926 年，薛丁格天才般的構想初顯雛形，他融合愛因斯坦和德布羅意的理論為一體，創立了波函數[1]理論，把波動力學[2]濃縮為薛丁格方程。就這樣，名震二十世紀物理界的薛丁格方程正式問世：

$$ih\frac{\partial\psi}{\partial t}=-\frac{h^2}{2\mu}\nabla^2\psi+U(\vec{r})\psi$$

式中，∇為拉普拉斯算符，代表了某種微分運算；$\hbar$為普朗克常數；μ為粒子的質量ψ為粒子的波動狀態；t為粒子狀態隨時間變化；U 為粒子所在力場的勢函數[3]；$\vec{r}$為粒子的位置向量。

這是一個描述粒子在三維勢場中的定態薛丁格方程。所謂「勢場」，就是粒子在其中會有勢能的場，如電場就是一個帶電粒

2　波動力學：量子力學的兩大形式之一，由薛丁格創立，其與海森堡等人創立的矩陣力學在數學形式上是等價的。波動力學是根據微觀粒子的波動性建立起來的，用波動方程描述微觀粒子運動規律的理論，是量子力學理論的一種表述形式。

3　勢函數：其值為物理上向量勢或是標量勢的數學函數，又稱調和函數，是數學上位勢論的研究主題。

12
薛丁格方程：貓與量子世界

4 哥本哈根學派：
二十世紀 20 年代，
以波耳領導的哥本哈
根理論物理研究所為
中心而形成的理論物
理學派。該學派因對
量子力學的創造性研
究和哲學解釋而著
名。主要代表人物有
波耳、海森堡等。

子的勢場；所謂定態，就是假設波函數不隨時間變化。薛丁格方程有個很好的性質，就是時間和空間部分保持相互獨立，求出定態波函數的空間部分後，再乘上時間部分，即為完整的波函數。

同時，薛丁格還將這個新方程應用到了氫原子上。氫原子由一個質子和一個電子組成，質子帶一個正電荷，電子在質子的電場中繞質子運動。他的方程準確預測出當時已被實驗觀測到的電子能級的量子化狀態。也正因為這個方程，他和狄拉克同獲 1933 年諾貝爾物理學獎。

然而，讓薛丁格意想不到的是，他創建的理論成為哥本哈根學派[4]的武器，而這柄致命武器指向的是他最崇拜的愛因斯坦。這可不是他想要的結果，他人生最大的不滿意，就是歪打正著成了量子力學的奠基人之一。

作為一個物理學家，對量子理論有著深入研究的薛丁格對自己一手創立起來的薛丁格方程中的波函數，實際並不如想像中那麼了解。他自信滿滿地認為，波函數代表了電子的實際分布位置，可玻恩卻告訴他錯了，並給出了一個讓他惱羞成怒卻無法反駁的機率解釋：骰子，代表了電子在某個地點出現的機率，並非實際位置。電子的分布是一種隨機分布。也就是說，我們可以預測電子在某處出現的機率，但一個電子究竟出現在哪裡，我們是無法確定的。

眼睜睜看著自己的方程成為別人的武器，薛丁格八年來茶飯不思，這樣的日子實在難熬，於是薛丁格做了一個思想實驗來論證量子力學的荒謬，以此彌補自己當年犯下的錯誤。這就是著名的 1935 年「薛丁格的貓」實驗的由來。

簡單地說，將一隻貓關在一個密閉的盒子，盒裡有些放射性物質。一旦放射性物質衰變，就會有一個裝置使錘子砸碎毒藥瓶，將貓毒死；反之，衰變未發生，貓便能活下來，如圖 12-1 所示。

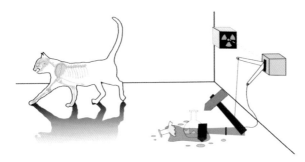

圖 12-1 薛丁格的貓思想實驗圖

　　幾乎所有人都認為薛丁格的貓必死無疑，事情卻沒這麼簡單。這隻貓開始嘲弄代表人類最高智慧的科學家們，它被賦予了量子世界的特異功能 —— 量子疊加。在這隻貓身上，宏觀世界的因果律已經坍塌，只剩下一連串的機率波。這隻貓既死又活，生死疊加。

從貓的身上通往微觀世界

　　薛丁格的貓不僅是個科學思想實驗，對於科學家而言，這個思想實驗還讓他們第一次切身感受到微觀世界的神蹟，感受到另外一個完全不一樣的世界。這隻貓非常明確告訴我們：微觀世界的運行規則與宏觀世界不一樣，而貓正是連通這兩個世界的靈物。

　　如果說，人類主宰著宏觀世界，那麼貓則守護著微觀世界的入口。

　　舉個例子，從薛丁格的貓延伸到量子計算，兩者利用的都是量子疊加的概念。量子計算之前，經典計算基礎的構建要素 —— bit（位元）存在於兩種不同狀態中：0 或 1。這就是傳統電腦中最底層的世界，雖然簡單卻能創造出一個佫大的網際網路世界。然而，它也有個缺點，即在同一時間只能處理一個 bit，計算能力受到限制。而在量子計算中，規則改變了，一個量子位元（qubit）不僅僅存在於傳統的 0 和 1 狀態中，還可以是一種兩者連續或重疊的狀態。因為量子具有不確定性，量子位元被描述成 $\alpha_0|0\rangle + \alpha_1|1\rangle$，其中 $|\alpha_0|^2 + |\alpha_1|^2 = 1$。也就是說，普通電腦 n bit 可以描

述 2^n 個整數之一，但 n 個量子位元可以同時描述 2^n 個複數（一個 2^n 維的複數向量），這也是量子計算讓人類既愛慕又恐懼的原因！

迄今為止，沒有人在宏觀世界見過薛丁格養的那隻行走於生死邊界的貓，但在微觀實驗室的科學家卻異口同聲證實他們見過貓之幽靈。是的，你看不到它的樣子，卻能在實驗中證實它的存在。在那個神秘莫測的微觀世界，那個號稱高維世界的投影，人類的唯一領路人就是這隻貓。它，早已脫離了主人的束縛，站在了神壇之上。

微觀定域
這是屬於貓的高維世界

貓並不想讓人類窺見更深邃的微觀世界，而在科學家眼中，微觀世界極可能是通往更高維度的大門。但就連薛丁格也想不到，有一天這隻貓不僅脫離了他的掌控，還與哥本哈根學派聯盟，站到了他和愛因斯坦的對立面，試圖阻擋大統一理論的到來，中斷人類通向高維世界的道路。

我們再回到實驗起點，薛丁格挖苦說：「按照量子理論解釋，我家這隻貓處於『死—活疊加態』—— 既死了又活著！要等到打開箱子看貓一眼，才能決定其生死，豈不荒謬！」面對這樣的悖論，以波耳為首的哥本哈根學派感覺非常棘手，該如何處理這隻既生又死的貓呢？

結果，貓站出來為哥本哈根學派發聲：在你對一隻貓觀測的時候，組成這隻貓的粒子的波函數發生了坍縮，所有的粒子就如你看到的那樣出現。這個時候停止觀測，那麼這些粒子的波函數又會遵循薛丁格方程開始彌散開來。

更學術化的理解是，如果有波函數 ψ 是方程的解，Φ 也是方程的解，那麼經過歸一化之後，$\psi+\Phi$ 也可以是方程的解。但是你也要知道，$3.1415926\Phi+10086\psi$ 也可以是方程的解，$\Phi-1024\psi$ 也是方程的解。經過測量，系統就不再處於「疊加態」，而是會落到某

一種，如 ψ、Φ 的「本徵態」。本來有無限可能，而現在只有一種可能，這就是坍縮。

儘管哥本哈根學派的解釋破綻百出，極其彆扭，但從實驗層面來說，也不需要知道這隻貓做了什麼「手腳」，反正實驗結果就是對的。物理學家們出於實用主義的考量，接受了哥本哈根學派的解釋。

貓最終站在了薛丁格的反面，所以有人說「薛丁格不懂薛丁格的貓」。

穿越多重世界的只有貓

不生不死的貓已經夠厲害了，通往微觀世界的靈獸也很生猛，但穿越多重世界的貓才是真正接近「上帝」般的存在。

上文已經談到，為了解釋「貓的生死論」，哥本哈根學派用波函數坍縮[5]理論強行將微觀世界和宏觀世界分裂開來，這並不符合科學之美，很多科學家無法接受。1954 年，天生叛逆的埃弗雷特[6]憤怒了：為什麼要給薛丁格這樣完美的方程附加假設條件來解釋現實世界，而不是用理論本身的數學原理來解釋方程在真實世界中的意義，數學原理難道不比現實世界更真實？

埃弗雷特提出了一個大膽的想法，引入了一個普適波函數，將人和貓聯繫起來，共同構成一個量子體系。波函數坍縮產生的不連續性不再必不可少。他假設所有孤立系統的演化都遵循著薛丁格方程，波函數不會坍縮，而量子的測量只能得到一種結果，即整個世界都處於疊加態。這個理論看起來非常完美，宏觀和微觀達到了一致，平行世界誕生了。

也就是說，微觀薛丁格的貓帶來的不是坍縮的波函數，而是一個分裂宇宙，宇宙就像一個變形蟲，當蟲子通過雙縫時，這個蟲子自我裂變，繁殖成為兩個幾乎一模一樣的變形蟲。唯一的不同是，一隻蟲子記得電子從左而過，另一隻蟲子記得電子從右而過。這樣一來，貓不僅既能生又能死，還能穿越於多個平行世界。

5 波函數坍縮：微觀領域的現象。微觀領域的物質具有波粒二象性，表現在空間分布和動量都是以一定機率存在，如「電子雲」，我們稱之為波函數。當我們用物理方式對其進行測量，物質會隨機選擇一個單一結果表現出來。如果我們把波函數（如電子雲）比作骰子，那麼波函數坍縮就是骰子落地（如打在螢幕上顯示為一個點的電子）。

6 埃弗雷特（Hugh Everett III）：美國物理學家，首先提出多世界詮釋的量子物理學。

7 退相干歷史：1984
年，由默里·蓋爾曼
（Murray Gell-Mann）、
詹姆斯·哈妥（James
Hartle）與羅伯特·
格里菲斯（Robert
Griffiths）提出，是
用來解釋量子力學中
波函數坍塌的理論。

8 退相干性：一種
普遍存在的現象。通
過壓低量子干涉，即
強烈地削弱量子機
率和經典機率之間的
核心差異，退相干架
起了小小世界的量子
物理和沒那麼小的世
界的經典物理之間的
橋梁。

然而，埃弗雷特的多宇宙解釋在當時並不被人接受，二十世紀 80 年代興起的退相干歷史[7]理論，試圖更妥善地解決微觀世界與宏觀世界之間的鴻溝。一旦環境的退相干性[8]弄亂了波函數，量子機率的奇異性就會變成日常生活中所熟悉的機率。因此，早在我們打開盒子前，環境就已經完成了無數次觀測，並將所有神秘的量子機率轉化為毫無神秘可言的經典對應。也就是說，在我們看到貓之前，環境已經迫使貓處於一種唯一、確定的狀態。

雖然現在科學家們普遍認為環境誘發的退相干性是跨越量子物理和經典物理分界的橋梁，但科學家們覺得這座橋梁遠遠尚未建好，薛丁格的貓的行蹤軌跡依舊神秘。

結語
量子理論，這是一種世界觀

貓的時間，就像時刻表上沒有記載的幽靈車；貓的空間，則藏於黑暗最深處。如果你正好養了一隻貓，請注意它那睥睨萬物的眼神。這並非玄之又玄的神學故事，而是量子世界的全新理論，也是你看待世界的方式。我們談的也不是哲學問題，而是科學問題，這所有的一切都有數學公式在背後支撐，其中薛丁格的波函數方程，又是得到了科學家認可的科學理論。

科學世界的這隻貓行走於生死之間，穿越於平行世界，以至於新生代的物理學家都被籠罩在這隻貓的陰影之下。

13

狄拉克方程：反物質的「先知」

$$\frac{1}{i}\gamma^{\mu}\partial_{\mu}\psi + m\psi = 0$$

應優先尋找美麗的方程，
而不要去煩惱其物理意義。

$$\frac{1}{i}\gamma^\mu \partial_\mu \psi + m\psi = 0$$

UAFsdGVkX19kzU

是否有這樣一種可能，世上存在著一個由反物質構成的你。那個「反你」看上去和你的外觀及行為都一模一樣。

在浩瀚宇宙的某個地方，或許存在著一個和地球左右顛倒的「孿生兄弟」。也許還有反物質構成的「反銀河系」和「反太陽系」，甚至居住著「反人類」的「反地球」。

1933 年 12 月，謙遜而靦腆的狄拉克站在諾貝爾領獎台上聲稱，的確存在這樣一個神秘的反物質世界。

理工男的標本
純潔的靈魂上演孤獨的財富

狄拉克，理工男的標本級人物。他沉默寡言，淡泊名利，整天足不出戶，對著書本和公式靜思默想，以致不善言談，被認為情商頗低，常常鬧出人際冷笑話。

一次，他在某大學演講，講完後有觀眾問：「狄拉克教授，我不明白你的那個公式是如何推導出來的。」結果，狄拉克看著那位觀眾，很久都沒說話。主持人不得不提醒狄拉克，他還沒有回答問題。「回答什麼問題？」狄拉克奇怪地問，「他剛剛說的是個陳述句，不是疑問句。」

這種神奇的腦迴路，恐怕也只有狄拉克擁有。但這恰恰從另一個角度證明了這位不諳世事的天才確如波耳評價的那樣，是「所有物理學家中最純潔的靈魂」。他的一生終日安靜埋首書屋，沒有什麼多餘的興趣，常心無旁騖地單打獨鬥，致力於完成自己的歷史使命 —— 成為量子力學理論體系的完備者。

1930 年，狄拉克出版現代物理經典巨著《量子力學原理》。這本書出版後，由於它系統並前瞻性地勾勒出了量子世界的輪廓，使得備受爭議的量子力學取得了發展。

當然，量子力學理論體系不是一天建成，回到二十世紀初，正是量子力學旭日東昇的歲月。當時，狄拉克正值青春年華，大學畢業後轉入劍橋繼續深造。可惜英國並不具備發展量子理論的

良好沃土，懂量子力學的人屈指可數。雖然狄拉克身在倫敦孤軍奮戰，但他還是迅速地為劍橋爭了口氣，用時不到三年，他便躋身於最前沿的量子學派行列，與被後世譽為「量子力學黃金三角」的波耳、海森堡和包立並肩作戰。

狄拉克與量子力學結緣，得益於 1925 年他與海森堡通過一篇論文結識。在這篇論文裡，海森堡創建了一個全新理論來解釋經典力學為什麼無法解決原子光譜[1]問題。他從直接觀測到的原子譜線出發，引入矩陣工具，用這種奇異方塊去構築量子力學的大廈。

但是海森堡的數學不夠好，他始終無法理解自己的矩陣為何會不滿足小學的乘法交換律，使動量 p 和位置 q 出現這樣的屬性：$p \times q \neq q \times p$，即如果改變了 p 和 q 的相乘順序，就會得到不同的結果。

具體舉個例子，假設：

$$p = \begin{bmatrix} 1 & 1 & 1 \\ 1 & 1 & 1 \end{bmatrix}, \quad q = \begin{bmatrix} 1 & 1 \\ 1 & 1 \\ 1 & 1 \end{bmatrix}$$

則按照矩陣乘法規則：

$$p \times q = \begin{bmatrix} 1 & 1 & 1 \\ 1 & 1 & 1 \end{bmatrix} \times \begin{bmatrix} 1 & 1 \\ 1 & 1 \\ 1 & 1 \end{bmatrix} = \begin{bmatrix} 3 & 3 \\ 3 & 3 \end{bmatrix}$$

$$q \times p = \begin{bmatrix} 1 & 1 \\ 1 & 1 \\ 1 & 1 \end{bmatrix} \times \begin{bmatrix} 1 & 1 & 1 \\ 1 & 1 & 1 \end{bmatrix} = \begin{bmatrix} 2 & 2 & 2 \\ 2 & 2 & 2 \\ 2 & 2 & 2 \end{bmatrix}$$

顯然，$p \times q$ 並不等於 $q \times p$。

好在量子力學的另一位大師級人物對波函數給出了統計解釋，德國猶太裔理論物理學家玻恩——量子力學的奠基人之一，一眼就認出這看似奇特的方塊並非什麼新鮮東西，而是線性代數裡的矩陣。

為了自家剛建立起的量子物理大廈，玻恩當即找了害羞內向、

1 原子光譜：由原子中的電子在能量變化時所發射或吸收的一系列波長的光所組成的光譜。

13

狄拉克方程：反物質的「先知」

精通矩陣運算的數學家約爾當，一起埋頭苦幹，決心為海森堡提出的「不確定性原理」打下堅實的數學基礎。

然而，這矩陣異常複雜，玻恩和約爾當在哥廷根大學忙得焦頭爛額，徹夜加班。而遠在英國劍橋的學生宿舍，狄拉克正憑藉著對哈密頓四元數的專業掌握及對矩陣的熟悉，輕而易舉透過論文的表格，抓住了海森堡體系裡的精髓 $p×q ≠ q×p$，直取這種代數的實質，即不遵守乘法交換律，並腦洞大開地參考了同樣不符合乘法交換率的「泊松括弧[2]」運算，建立了一種新的代數——q 數（q 表示「奇異」或者「量子」），並將它與動量、位置、能量、時間等概念聯繫在一起，再用 c 數（c 代表「普通」）來表示原來那些舊體系裡符合交換率的變數。狄拉克在 c 數和 q 數之間建立起了簡單易懂的聯繫，說明了量子力學其實是舊體系的一個擴展，新力學與經典力學實為一脈相承。

可惜的是，狄拉克晚了一步，儘管他的方法更簡潔明晰，但在哥廷根聯合作戰的玻恩和約爾當率先計算出了結果。

狄拉克的天才光芒，暫時藏在倫敦的黑夜之中。

反物質「先知」
一統狹義相對論與量子力學

錯過了第一個算出海森堡的矩陣力學設想之後，無欲無求的狄拉克並不氣餒，他再次證明了矩陣力學和氫分子實驗資料的吻合。不幸的是，命運之神再次和他開了玩笑，他比公布相同研究成果的包立慢了五天。

不過，天才的光芒是注定掩蓋不了的。

1926 年，當量子力學的另一天才海森堡正興致勃勃研究矩陣力學，與其水火不容的薛丁格正在另一條路上開創波動力學。在細細咀嚼了德布羅意的「物質波[3]」假說後，薛丁格從建立在相對論基礎上的德布羅意方程出發，得出了另一個方程。但因為沒有考慮到電子自旋情況，所以推導出來的方程不符合索末菲模型[4]。

薛丁格也非等閒之輩，他從經典力學的哈密頓─雅可比方程[5]出發，利用變分法[6]和德布羅意公式，最後求出了一個非相對論的波動方程，即薛丁格方程。

一時間，矩陣力學與波動力學相互對峙，海森堡和薛丁格兩人各自為政，吵得不可開交。冷靜的狄拉克發現，這兩人的理論其實彼此互補，並開始研究薛丁格的波動力學。

不管是海森堡還是薛丁格，他們所提出的量子力學都不符合狹義相對論的形式要求。這讓從事過相對論動力學研究的狄拉克十分不舒服，他決定找到一個更好的量子力學方程，用以描述電子的運動行為，不僅要符合相對論的運動關係，而且在低能的情況下，應該可以近似薛丁格方程。

有趣的是，當時瑞典物理學家奧斯卡·克萊恩和德國人沃爾特·戈登（Walter Gordon）也在試圖找到一個符合相對論的電子量子理論，並分別獨立導出了克萊恩─戈登方程。

那個物理學史上的黃金年代，真是天才輩出！

所以，這一次狄拉克又晚了一步嗎？

根據量子力學對機率的數學詮釋，克萊恩─戈登方程會導出負的機率，這簡直不可接受，畢竟誰也無法想像出 –50% 的可能性拋出反面朝上的硬幣。同時，利用哈密頓─雅可比方程計算氫原子能級得到的結果和實驗所得到的結果相差較大。從理論與實驗相符的角度來看，克萊恩─戈登方程作為描述電子的方程，並不是一個好的理論。

1928 年，狄拉克站在海森堡、德布羅意、薛丁格、克萊恩和戈登等人的肩膀上，提出了電子運動的相對論性量子力學方程，即名垂青史的狄拉克方程。在這個方程中，狄拉克率先統一了狹義相對論與量子力學，成功把相對論、量子和自旋這些此前看似無關的概念和諧地結合起來，解決了當時理論物理界的一大難題，並得出重要結論：電子可以有負能值。這修正了克萊恩─戈登方程中得出負值機率的荒誕情形，還為物理學世界開闢了一塊「新大陸」—— 遊蕩在宇宙中的反物質。

5 哈密頓─雅可比方程（Hamilton-Jacobi equation）：經典哈密頓量一個正則變換，經過該變換得到的結果是一個一階非線性偏微分方程，方程之解描述了系統的行為。

6 變分法：17 世紀末發展起來的一門數學分支，用以尋求極值函數，使泛函取得極大值或極小值。

狄拉克方程
意料之外的神來之筆

7　角動量：在物理學中與和物體到原點的位移和動量相關的物理量。它表微質點矢徑掃過面積的速度大小，或剛體定軸轉動的劇烈程度。

想弄懂狄拉克方程並不容易，就連狄拉克都感慨這個方程比他更聰明。畢竟他事先從未考慮過自旋，對把電子的自旋引進波動方程根本不感興趣。可是，狄拉克方程能如此「無中生有」地指出為什麼電子有自旋，而且為什麼自旋角動量 [7] $\frac{1}{2}$ 而不是整數，這讓當時最負盛名的海森堡都頗為嫉妒。現在，我們就來一起見識下這個方程的廬山真面目：

$$\frac{1}{i}\boldsymbol{\gamma}^{\mu}\partial_{\mu}\psi + m\psi = 0$$

式中，$\boldsymbol{\gamma}^{\mu}$ 為自由電子的一個操作矩陣；∂_{μ} 為對偏導；ψ 為相對論自旋 $\frac{1}{2}$；場；i 為複數，$\frac{1}{i}$ 表示複數共軛；m 為自旋粒子的質量。

這是狄拉克方程在相對論量子力學裡描述自旋 $\frac{1}{2}$ 粒子的方程式，實質上是薛丁格方程的「勞倫茲協變式」，是按照量子場論的習慣進行書寫的。說到這裡，還得感謝薛丁格當初意志不堅，沒有堅持他那漂亮的相對論性波動方程，就因過多糾結理論與實驗不太一致，又「移情別戀」非相對論性波動方程，這才讓狄拉克在相對論性原理中有機可乘。

找到一個符合相對論形式的波動方程並不容易，哪怕當時克萊恩和戈登已經推導出了一個頗受關注的克萊恩─戈登方程：$\frac{1}{c^{2}}\frac{\partial^{2}}{\partial_{t}^{2}}\psi - \nabla^{2}\psi + \frac{m^{2}c^{2}}{h^{2}}\psi = 0$。狄拉克犀利地看到這個方程會得出一個負值的機率，而這在物理學上毫無意義。

為了解決這個負能態與負機率問題，「悶葫蘆」狄拉克一頭鑽進書海，和現有的狹義相對論、矩陣力學、波動力學較起了勁。在看矩陣力學時，包立的一個公式引起了他的注意：

$$\vec{\sigma}\cdot\vec{p} = \sqrt{\vec{p}^{2}\times\boldsymbol{I}}\ (\text{其中}\ I\ \text{為}\ 2\times2\ \text{的單位矩陣})$$

最初，電子的自旋是作為假設提出的，包立就是為了描述電子的自旋角動量才創建了三個二階矩陣：σ_{1}、σ_{2}、σ_{3}。狄拉克心想：

有沒有可能方程的係數就是矩陣形式？

這一靈光乍現讓向來淡漠的狄拉克臉上泛起了罕見的紅暈，可最初假設的電子自旋只要求波動函數有兩個分量（兩個解），現在克萊恩—戈登方程卻出現了負能態和負機率，那波動方程解的數目必定是以前的兩倍（四個分量）。因此，狄拉克覺得係數應該擴展為一個 4×4 矩陣，而不是包立的 2×2 矩陣。

沿著包立矩陣的思路，狄拉克把 σ 公式推廣到四個平方和並求解：

$$p_1^2 + p_2^2 + p_3^2 + p_4^2 = -m^2 c^4 \ , \ p_4 = \frac{\mathrm{i}E}{c}$$

這裡就推廣為 4×4 的單位矩陣方程，考慮到薛丁格方程不具備勞倫茲協變性，所以對薛丁格方程（非相對論性波動方程）進行變換時也要避開克萊恩—戈登方程的缺陷。狄拉克推導出方程如下：

$$-h^2 \frac{\partial^2}{\partial^2 t} \psi = -h^2 c^2 \nabla^2 \psi + m^2 c^4 \psi$$

其中，$E = \mathrm{i}h \dfrac{\partial}{\partial t}$，$P_x = -\mathrm{i}h \dfrac{\partial}{\partial x}$，$P_y = -\mathrm{i}h \dfrac{\partial}{\partial y}$，$P_z = \mathrm{i}h \dfrac{\partial}{\partial z}$。那麼，$E^2 = c^2 p^2 + m^2 c^4$。當動量 p 很小的時候，$E = \dfrac{P^2}{2m}$，$\mathrm{i}h \dfrac{\partial}{\partial t} = H\Psi$。

如果動量為 0，自旋為 0，那麼 $E^2 = c^2 p^2 + m^2 c^4$ 中 $c^2 p^2 = 0$，得 $E^2 = m^2 c^4$，即 $E = mc^2$，這是符合愛因斯坦場論的。

而動量不為 0，自旋為 0 時，$E^2 = c^2 p^2 + m^2 c^4$。當動量、自旋都不為 0 時，就推導出了一般式，用量子力學方式書寫就變成了開頭的方程 $\dfrac{1}{\mathrm{i}} \gamma^\mu \partial_\mu \psi + m\psi = 0$。

令人感到驚奇的是，在這一推導過程中，狄拉克方程還自動提供了薛丁格曾經夢寐以求的相對論性波動方程。所以，即使在科學上，忠誠也是一種彌足珍貴的品質。

富有魔力的狄拉克預言
和「天使粒子」的獨特存在

二十世紀 30 年代，狄拉克方程已成為現代物理學的基石之一，標誌著量子理論新紀元的到來。它打破了物理帝國的遊戲規則，預言了一個新的基本粒子和兩個基本過程，即反物質粒子正電子的存在，以及電子—正電子對的產生和湮滅的過程。

例如，一個正常的氫原子由帶正電的質子和帶負電的電子組成，但在一個「反氫原子」中，質子卻帶著「傷心滿滿」的負電，而電子帶著「火辣辣」的正電！如圖 13-1 所示，當一個氫原子和一個「反氫原子」相遇，它們會遵循 $E = mc^2$，「轟隆」一聲就放出大量的能量輻射，然後雙方同時消失得無影無蹤。

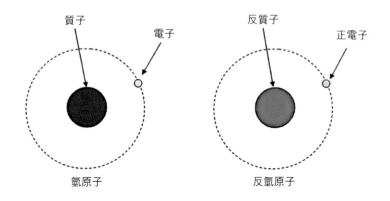

圖 13-1 氫原子與反氫原子

這種現象聽著有些離奇，但確實在發生。

很快地，1932 年，物理學家卡爾·安德森（Carl Anderson）便在宇宙線實驗中發現了正電子的存在，證實了狄拉克的預言，狄拉克也因此獲得 1933 年的諾貝爾物理學獎，同時獲獎的還有大名鼎鼎的薛丁格。在這之後，對反物質探尋的一系列強有力的實驗驗證，也再次加固了狄拉克方程的地位。

1995 年，歐洲核子研究中心的科學家在實驗室中製造出了世界上第一批反物質 —— 反氫原子。

1997 年，美國天文學家宣佈發現，在銀河系上方約 3500 光年

處，有個不斷噴射反物質的反物質源，它噴射出的反物質形成了一個高達 2940 光年的「反物質噴泉」。

2000 年，歐洲核子研究中心宣佈已經成功製造出約 5 萬個低能狀態的反氫原子，這是人類首次在實驗室條件下製造出大批量的反物質。

然而，對於物理學家來說，狄拉克方程擁有至高無上的地位不僅在於其理論被實驗一再證實，而且它在理論上具有廣泛的影響並時常帶來意外之喜。

2002 年，在狄拉克 100 周年誕辰紀念日上，韋爾切克曾讚嘆過：「在所有物理公式中，狄拉克定理或許是最有『魔力』的一個……它是決定基礎物理發展方向的樞紐之一。」

此話評價甚高，卻絕非溢美之詞。當時，在狄拉克方程的引導下，量子物理學家們更好地認知了真空，即宇宙的基態。真空不再被視為空曠無物之處，而是各種各樣的能量彙聚的場所。而後，隨著對粒子的深入認識，量子界的大師們開始看到了量子場的世界。與電場一樣，這些場也在空間中無所不在，而粒子則是它們的局部表現形式。粒子可以瞬息存在，也可以長期存活。

更神奇的是，狄拉克方程甚至揭示了宇宙中有兩種完全不同的量子，其中含玻色子[8]和費米子[9]。玻色子喜歡抱團而居，讓鐳射應運而生；而費米子是「孤獨患者」，喜歡獨來獨往，你永遠不會發現有兩個相同量子狀態的費米子。這一神奇的模式後來解釋了元素週期律，成了化學的基礎。

不過，隨著人們逐漸把「有粒子必有其反粒子」當作絕對真理，有意思的事情又發生了。2017 年，華裔物理學家張首晟團隊與其他團體合作，在實驗中發現了「天使粒子」，這種粒子與狄拉克費米子相異，並沒有與之相對應的反粒子，卻與馬約拉納費米子十分吻合。馬約拉納費米子指的是存在這樣一種沒有反粒子的粒子，或者說它的反粒子就是它本身。也就是說，「天使粒子」的反粒子或許就是其本身，這不僅是對微觀世界認知的一次飛躍性進步，而且還給量子計算帶來了新的希望。

畢竟，在那樣的一個世界裡，完美到只有天使，沒有魔鬼，

8 玻色子：遵循玻色—愛因斯坦統計，自旋為整數的粒子。玻色子不遵守包立不相容原理，在低溫時可以發生玻色—愛因斯坦凝聚。

9 費米子：在一組由全同粒子組成的體系中，如果在體系的一個量子態（由一套量子數所確定的微觀狀態）上只容許容納一個粒子，這種粒子稱為費米子。

沒有湮滅。

物質——反物質之謎
宇宙丟失的另一半

「天使粒子」的發現揭開了大幕的獨特一角，但還有一件事始終令物理學家們疑惑不解。按照當下流行的大爆炸宇宙論[10]，宇宙生成之初，物質和反物質應是對稱的，即物質和反物質的數量在開始時應該一樣多。可是為何我們只看到了一個只有物質的宇宙？狄拉克所說的反物質都跑到哪去了？這時，各物理門派開始腦洞大開。

理論一：認為在大爆炸產生了我們所在的以物質為主的宇宙時，同時也產生了一個對應的以反物質為主的反宇宙。但宇宙和「反宇宙」互不聯通，所以這個理論基本無法驗證。如果一定要找到某種聯通的途徑，只能通過更高維的空間或玄之又玄的「蟲洞[11]」。生活在三維空間的我們，有不少人覺得該理論太過玄妙，少談為宜。

理論二：認為可能存在與物質的星雲、星系等相對應的反物質的星雲、星系，它們共存於同一個宇宙中，但相隔遙遠，因此不會撞到一起而湮滅。如果真是那樣，一些來自「反世界」的反原子核就有可能飛到地球來。這些反原子核一旦碰觸大氣層就會湮滅，所以要想探測到它們，只可能在大氣層的邊緣或之外。然而，到目前為止，除了正電子，仍沒有任何證據顯示原始反物質正潛伏在太空某處。

理論三：認為宇宙生成時物質和反物質確實是對稱的，但由於我們目前還不知道的機制，在宇宙發展的過程中反物質通通消失，只剩下了物質。參考了大型強子對撞機的資料，科學家估測宇宙早期每形成十億個反物質的同時，就產生十億零一個物質，這意味著宇宙剛誕生時差不多有一半仍舊是反物質。可惜，實驗結果與科學家的預估大相徑庭，宇宙剛誕生時的反物質質量只相

10 大爆炸宇宙論：現代宇宙學中最有影響力的學說之一，主要觀點是宇宙曾有一段從熱到冷的演化史。在這個時期裡，宇宙體系在不斷膨脹，使物質密度從密到稀地演化，如同一次規模巨大的爆炸。1946年，美國物理學家伽莫夫正式提出大爆炸理論，認為宇宙是由大約140億年前發生的一次大爆炸所形成。

11 蟲洞：最早於1916年由奧地利物理學家路德維希·弗萊姆提出，並於1935年由愛因斯坦及納森·羅森加以完善，因此「蟲洞」又被稱為愛因斯坦－羅森橋。一般情況下，人們口中的「蟲洞」是「時空蟲洞」的簡稱，它被認為是宇宙中可能存在的捷徑，物體通過這條捷徑可以在瞬間進行時空轉移。

當於一個普通的星系。反物質的探尋之路依舊撲朔迷離。

宇宙到底有沒有另一半？有的話，它會在哪裡？反物質和物質為什麼會有不同的行為？宇宙誕生之初究竟發生了什麼？

當然，縱使天才如狄拉克，這些問題也已經不是他能預見到的了。

新的問題層出不窮，浩瀚宇宙仍然深不可測。

結語
相遇即湮滅

儘管狄拉克方程未經實驗驗證就率先推證了反物質的存在，狄拉克更是開創了理論物理學家通過數學的知識成功預言了未知粒子存在的先例。

但是，面對這個由反質子和反中子構成了反原子核，反原子核和反電子構成了反原子，再由反原子構成的形形色色的反物質世界，人類不僅難以在廣袤宇宙中探尋到它的存在，而且永遠不能進入，同時不能與自己的雙胞胎兄弟——「反人類」會面，因為人類一旦進入這一神秘的反物質世界與「反人類」相遇，便會迅速湮滅！

所謂湮滅，是指正反物質完全由物質轉變為能量，過程遵循 $E=mc^2$，而正反物質湮滅產生的能量有多大？我們回憶一下利用核反應前後質量之差所產生的核爆炸能量，再想想假如質量完全消失釋放的能量規模！

14

楊—米爾斯的規範場論：大統一之路

$$\mathcal{L}_{gf} = -\frac{1}{2} T_r(F^2) = -\frac{1}{4} F^{a\mu\nu} F^a_{\mu\nu}$$

規範場論不屬於人間，它屬於宇宙。

近 60 年來，物理學家都幹什麼去了？在許多科學愛好者的心裡，都有著這麼一個疑問。畢竟，在人類科學發展史上，二十世紀物理學家燦若群星。但過去了這麼久，大家似乎也只記得 1900 到 1953 年這個黃金時代，愛因斯坦、波耳、薛丁格、海森堡、狄拉克、玻恩、包立等天才攜手而來。

而自從 1955 年愛因斯坦去世之後，物理界鴉雀無聲。就算有人提到 1950 到 1975 年是物理學白銀時代，但大部分人其實並不知道此時的物理學家們做了什麼。

物理學家並沒有閒著，近 60 年來，很多優秀的物理學家在規範場論裡尋找生存的意義，只是這個領域太深奧，並沒有多少人能夠真正理解它。

規範場論
二十世紀物理學三大成就之一

如果說二十世紀初相對論是物理學旗手，中期是新量子論的天下，那麼下半葉則屬於規範場論。諾貝爾獎得主丁肇中曾說：「提到 21 世紀的物理學里程碑，我們首先想到三件事，一是相對論（愛因斯坦），二是量子力學（狄拉克），三是規範場（楊振寧）。」

相對論就不用多說了，量子力學也是如雷貫耳，但規範場論這個名字非常陌生，它竟然是二十世紀物理學三大成就之一？

原因很簡單，規範場論是當代物理學最前沿陣地，如果你不是物理博士或者物理學愛好者，根本就不可能接觸到規範場論，一輩子也不可能與同位旋[1]SU(2)打交道。

規範場論已經不是與質子、中子「攀交情」，而是和夸克[2]一樣級別的小玩意「捉迷藏」，尋常人等早已經被電磁場弄得死去活

1　同位旋：與強相互作用相關的量子數。1932 年，海森堡為解釋新發現中子的對稱性而引入同位旋。對於強力相同而電荷不同的粒子，可以看作相同粒子處在不同的電荷狀態，同位元旋就是用來描述這種狀態的。同位旋並不是自旋，也不具有角動量的單位，它是無量綱的一個物理量，之所以稱為同位旋，只是因為其數學描述與自旋很類似。

2　夸克：一種參與強相互作用的基本粒子，也是構成物質的基本單元。夸克互相結合，形成複合粒子，稱為強子。強子中最穩定的是質子和中子，它們是構成原子核的單元。

來，哪裡還敢進入規範場論修煉？

規範場的建立與許多物理學家聯繫在一起，包括赫爾曼·外爾[3]、楊振寧、蓋爾曼等，從電磁場開始，這些非凡頭腦走進了這個神秘世界。楊振寧是這個領域的領軍者之一，他創立的楊—米爾斯理論是規範場論的基石。

2000年，《自然期刊》（*Nature*）評選過去1000年影響世界的物理學家，楊振寧是在世的唯一一個影響世界千年的物理學家。這樣的評價是不是有點誇張了？很多人表示懷疑，楊振寧真的能與牛頓、愛因斯坦、狄拉克這些人相提並論？

微觀意義
規範場論建立微觀粒子的標準模型

大部分人對微觀粒子的認知到夸克就基本結束了，物理教科書上對夸克也語焉不詳，沒有幾個人去探索這個深邃無比的亞原子世界。

規範場論有著自己的勃勃野心，它的目標是建立一個完美的粒子標準模型。想在亞原子世界建立一套統一理論，要讓肉眼凡胎看不見的創世粒子（姑且這樣定義，比質子、中子低一個層級）都在這個標準模型下運轉，也就像宏觀世界的牛頓三大定律，不管人類深入地底還是探索火星，都必須遵守牛頓定律，這比早期波耳在「量子世界」建立原子標準模型還要難，因為亞原子世界比原子還要細微，比電子還要縹緲。

現代物理已經論證原子核由質子和中子構成，一些放射性衰變原子核會放射出電子。但要繼續往下研究，瞭解原子核裡面的結構，必須弄清楚質子、中子和電子的相互作用。要探索這個世界，人類只有通過大型對撞機才能發現其中的蛛絲馬跡。

經過現代粒子對撞實驗和理論的發展，主流物理學已經達成共識，質子由兩個上夸克和一個下夸克組成，中子由兩個下夸克和一個上夸克組成，而這些夸克又有不同顏色。然而，要構建全

3 赫爾曼·外爾（Hermann Weyl）：德國數學家、物理學家，主要著作有《空間，時間，物質》、《黎曼曲面的思想》、《群論與量子力學》、《典型群》、《對稱》，其在數學、相對論和量子力學領域成就突出，還是當今最重要的粒子物理學理論——規範場論的發明者。

4 輕子：不參與強相互作用的自旋為 $h/2$ 的費米子。輕子包括電子、μ 子、τ 子和與之相應的中微子 νe、$\nu \mu$ 和 $\nu \tau$ 及它們的反粒子）。

5 希格斯玻色子：粒子物理學標準模型預言的一種自旋為 0 的玻色子。1964 年，英國物理學家彼得·希格斯提出了希格斯機制。在此機制中，希格斯場引起自發對稱性破缺，並將質量賦予玻色子和費米子。希格斯粒子由希格斯場的場量子化激發，它通過自相互作用而獲得質量。

6 電磁力：包括電力、磁力和光本身，合稱為電磁力。電荷（磁極）正負相同為排斥力，相反為吸引力。電磁力由光子傳遞，與電量成正比，與距離的平方成反比。電磁力屬於長程力，在四種基本力中為第二強。

面的夸克理論，必須假設有六種夸克，這些夸克組合成許多其他粒子。除了夸克組成的強子，還有輕子[4]，輕子的種類和夸克一樣，也是六種。夸克和夸克之間的強相互作用力又需要相應的交換粒子來傳遞，這些交換粒子稱為規範玻色子（如膠子）。

從夸克、輕子、規範玻色子，以及希格斯玻色子[5]的交互作用來看，規範場論是描述亞原子世界的物理框架，目前的實驗結果符合規範場論的標準模型，它對電子與光子之間相互作用的預計結果能精確 $\dfrac{1}{10^8}$。

實驗證明了理論的正確性，不管你相不相信規範場論，它現在就是粒子物理的基石。

宏觀意義
規範場論要實現愛因斯坦大統一理論

愛因斯坦在 1915 年發表廣義相對論之後，便開始了「大統一之夢」，希望通過一個公式來描述宇宙中的每一個細節，尋找一種統一理論來解釋所有相互作用。

這一「統」就是三十餘年，無論這位偉人從數學還是物理角度入手，最終還是一無所獲，這也是愛因斯坦十分尊敬馬克士威的原因。馬克士威方程可算是電、磁、光三者「統一」場理論，他統一了電磁力[6]。

那現代物理意義上的大統一理論到底是什麼？

大統一理論又稱為萬物之理。由於微觀粒子之間僅存在四種相互作用力：萬有引力[7]、電磁力（馬克士威完成）、強核力、弱核力。理論上，宇宙間的所有現象都可以用這四種作用力來解釋，所以物理學家們一直相信這四種作用力應有相同的物理起源，它們在一定的條件下應能走到一起，相聚於同一個理論框架內。能統一說明這四種作用力的理論或模型，可以稱為大統一理論。

7 萬有引力：由引力子傳遞，與質量成正比，與距離的平方成反比。萬有引力屬於長程力，在四種基本力中最弱。

那規範場論何德何能，有可能實現愛因斯坦眼中的大統一理論？

這主要得益於二十世紀後半葉粒子物理學的發展，自然界中幾乎所有的基本相互作用都是通過某種形式的規範場來傳遞的，並由此確立了當代物理學的一個基本原則：幾乎全部基本力都是規範場（除引力外）。

我們可以用一個規範群為 $SU(3)\times SU(2)\times U(1)$ 的規範場論來尋找答案。

（1）電磁力對應 $U(1)$ 規範場論。這是一種最簡單的規範場論，也稱為阿貝爾規範場論，與電磁作用相聯繫的 $U(1)$ 群是阿貝爾群，數學家外爾給出了科學解釋。

（2）弱核力對應 $SU(2)$ 規範場論。核子的同位旋對稱性在數學上屬於 $SU(2)$ 群，是非阿貝爾群。

（3）強核力對應 $SU(3)$ 規範場論。強子由夸克構成，夸克間的強相互作用由 $SU(3)$ 規範作用來實現，$SU(3)$ 群也是非阿貝爾群。

1967 年，溫伯格（Steven Weinberg）和薩拉姆（Abdus Salam）將「對稱性破缺」引入弱相互作用和電磁相互作用統一的模型上，提出了 $SU(2)\times U(1)$ 規範群結構，建立了弱電統一理論，這是一種規範場論。

1973 年，格羅斯、波利茨和威爾茨克建立了基於 $SU(3)$ 非阿貝爾規範場的量子色動力學。至此，形成了與電磁力、強核力、弱核力有關的所有物理現象的標準模型，最直接的做法是選用這兩者的乘積 $SU(3)\times SU(2)\times U(1)$ 作為規範對稱群，這也是一種規範場論。

也就是說，除了引力，規範場論統一了三種力。

另外，我們還能看到，引力場就是在局部廣義時空座標變換下協變的規範場論。

這就不得不讓人們想到，物理學的統一之路是否歸於規範場論呢？

當然，想將引力也納入規範場論的標準模型中並不容易。雖

8　超弦理論：理論物理的一個分支學科，它的一個基本觀點是，自然界的基本單元不是電子、光子、中微子和夸克之類的點狀粒子，而是線狀的弦（包括有端點的開弦和圈狀的閉弦或閉合弦）。

9　M理論：為「物理的終極理論」而提出的理論，物理學家希望能用一個理論來解釋所有的物質與能源的本質和交互關係，這個理論試圖把四種作用力——電磁力、引力、強核力和弱核力統一起來。

然 $SU(3)\times SU(2)\times U(1)$ 群涵蓋了三種相互作用，但是這畢竟是三個不同的群，它們對應的規範場的耦合強度也不同。如果能夠找一個單一的群，如比較流行的 $SU(5)$ 和 $SO(10)$，它們含有子群 $SU(3)\times SU(2)\times U(1)$，然後這個單一群在低能量狀態裡對稱性自發破缺到 $SU(3)\times SU(2)\times U(1)$，這就是大統一。

直到現在，引力始終還沒有統一進來，這又涉及更前沿的超弦理論[8]問題。為了將引力納入「弱—電—強」的理論模型之中，二十世紀70年代，物理學家提出了弦論，而後又發展出了超弦理論和M理論[9]，但是弦論目前還沒有得到公認，還有待證實。並且，隨著希格斯粒子的發現，超弦理論困難重重，最有可能成為大統一理論的仍然是規範場論。

當然可能有人會問，大統一理論就是物理學家為了追求數學上的美感瞎折騰，為什麼一定要追求大統一理論呢？當牛頓發現萬有引力和運動定律後，以力學為基礎的現代機械原理催生出了蒸汽機；當馬克士威將電學與磁學統一成電磁學後，人類學會了發電；而愛因斯坦利用狹義相對論統一了時空、質能之後，又為人類打開了核能利用的時代……

從歷史的角度看，每當人類統一或控制一種自然力，都能使整個社會迅猛前進。那麼，一旦人類將所有的作用力整合成一個超作用力，實現大統一理論，這時會有什麼突破？

那可能不僅僅是整個文明的指數升級。著名美國物理學家大衛斯曾大膽寫道：「控制超作用力後，我們便能任意地組合與改變粒子，製造出前所未有的物質形態。我們甚至能左右空間的維度數，製造出具有不可思議屬性的人工世界。我們將成為宇宙的主宰。」

而目前來看，規範場論是最有可能實現愛因斯坦「大統一之夢」的優秀理論。

規範場論的前世今生
和繞不開的楊──米爾斯理論

　　規範場論的建立歷程錯綜複雜，它就好似一件百衲衣，每種力都由一個獨立的幾何構型來描述，將電磁力、強核力、弱核力和所有粒子都看作李群及纖維叢[10]等精巧幾何結構的動力學結果。

　　回首規範場論的發展，儘管愛因斯坦沒有實現「大統一之夢」，卻在建立廣義相對論時留下了用幾何語言描述引力場的智慧光芒，深深影響了數學大師赫爾曼・外爾。1918 年，外爾試圖統一廣義相對論和電磁學，他類比廣義相對論中的局域對稱性，把電磁場也看作一種局域對稱性的表現形式，將黎曼幾何進行修改，試圖建立一種新的幾何結構來解釋電磁場。延續著這一思路，規範不變性思想得以誕生。

　　外爾最初的規範思想並不被人接受，主要原因是他的想法太超前，規範不變性的實質是相位不變，而相位概念得等到量子力學產生後才能解釋。1929 年，在尺度變化被修正為相位變化後，外爾提出了 $U(1)$ 規範對稱性，這是規範場論首次被提出。

　　規範場論雖然被提出，在此之後卻是科學界長達 25 年的不聞不問。

　　畢竟規範不變性雖在許多方面有用，但並無本質的意義，僅是電磁學理論的一種特徵。這一局面，直到 1954 年楊振寧和米爾斯建立了楊─米爾斯規範理論才得以改變。

　　1949 年的春天，楊振寧前往普林斯頓高等研究院，不僅租了外爾的房子，還接替了外爾在理論物理界的位置。作為一位出生於中國的物理學家，東方審美一直深深影響著他，「對稱性」對於楊振寧來說，一直有著磁鐵般的吸引力。

　　他沿著外爾的思考方向，把規範不變性推廣到與電荷守恆定律類似的同位旋守恆中。不過，在這個過程中，他卻陷入一種困境，直到與米爾斯合作後，才認識到了描述同位元旋對稱性的 $SU(2)$ 是一種非阿貝爾群。儘管阿貝爾規範場論是非阿貝爾規範場論的特殊情況，但就像牛頓方程不能推演出相對論運動方程一樣，

10 纖維叢：1946 年由美國人斯廷羅德（Norman Steenrod）、美籍華人陳省身、法國人艾勒斯曼（Charles Ehresmann）共同提出。數學上，特別是在拓樸學中，一個纖維叢是一個局部看起來像兩個空間的直積（笛卡兒積）的空間，但是整體可以有與直積空間不同的拓樸結構。

14

楊─米爾斯的規範場論：大統一之路

阿貝爾規範場論並不能推演出非阿貝爾規範場論。

於是，他們兩人在這個基礎上提出了楊—米爾斯理論，即楊—米爾斯方程，經過後世科學家重新推導修正，方程具體如下：

$$L_{gf} = -\frac{1}{2}T_r(F^2) = -\frac{1}{4}F^{a\mu\nu}F_{\mu\nu}^a$$

楊—米爾斯方程是一個非線性波動方程，是線性的馬克士威方程的推廣。雖然全世界並沒有多少人能弄懂它，但它是物理學界極為重要的方程式之一，它開啟了規範場論的偉大征程。楊—米爾斯理論並非一帆風順。1954 年，楊振寧到普林斯頓研究院做報告，當他在黑板上寫下他們將 A 推廣到 B 的第一個公式時，台下的物理界大師包立開始發言：「這個 B 場對應質量是多少？」這個問題一針見血點到「死穴」。看到楊振寧沉默不語，包立又問了一遍同樣的問題。被物理學界的「上帝鞭子」追問，年輕的楊振寧一身冷汗，只好支支吾吾地說事情很複雜，需要一點時間。包立咄咄逼人，當時場景使楊振寧十分尷尬，報告幾乎進行不下去，幸虧主持人奧本海墨，包立方才作罷。

第二天，楊振寧收到來自包立的一段資訊，為報告會上的激動發言而抱歉，並給這兩位年輕物理學家的工作以美好的祝福，同時建議楊振寧讀一讀「有關狄拉克電子在引力場時空中運動」的相關論文。多年後，楊振寧才明白其中所述引力場與楊—米爾斯場在幾何上的深刻聯繫，從而促進了他在二十世紀 70 年代研究規範場論與纖維叢理論[11]的對應，將數學和物理的成功結合推進到一個新的水準。而規範場論這一優美動人的數學形式，也使物理學家們一直希望用單一的幾何構型來描述各種基本相互作用力。

電磁規範場的作用傳播子是光子，光子沒有質量，但強弱相互作用不同於電磁力，電磁力是遠端力，強弱相互作用都是短程力，一般認為短程力的傳播粒子一定有質量，這便是包立當時所提出的問題根源所在。包立不愧是物理界黃金時代的頂尖大師，慧眼如炬，正是這個質量難題，讓規範理論默默等待了 20 年！

楊—米爾斯理論雖然沒有真正解決強弱相互作用的問題，卻構造了一個非阿貝爾規範場的模型，歷經溫伯格、蓋爾曼、希格

11 纖維叢理論：拓樸學中的一種理論。利用纖維叢理論和聯絡幾何學，給出了作為統一電磁場與相互作用場的數學基礎的規範場論的一個幾何模型。

斯、維騰（Louis Witten）等科學家添磚加瓦，為所有已知粒子及其相互作用提供了一個框架。後來的弱電統一、強作用，都建立在這個基礎上。即使是尚未統一到標準模型中的引力，也有可能被包括在規範場的理論之中。如今，六十多年過去了，「對稱性支配相互作用」已經成為理論物理學家的一個共識，楊－米爾斯規範場理論對現代理論物理起了奠基作用。

到了 21 世紀，規範場論已經作為當代物理學前沿的最基礎部分，和牛頓力學、馬克士威電磁理論、狹義相對論、廣義相對論及早期的量子理論一樣，是物理學大廈中最堅實的存在。

規範場論的遺憾
楊－米爾斯存在性和質量缺口

規範場論在實驗室被反覆證明，但數學解釋並不完美。2000年年初，美國克雷數學研究所選定了七個「千年大獎問題」：NP完全問題 12、霍奇猜想 13、龐加萊猜想 14、黎曼假設 15、楊－米爾斯存在性和質量缺口、納維－斯托克斯方程 16、BSD 猜想 17。這七個問題都被懸賞 100 萬美元，其中就包括楊－米爾斯存在性和質量缺口。

14 龐加萊猜想：法國數學家亨利‧龐加萊提出了一個拓樸學的猜想，即「任何一個單連通的，閉的三維流形一定同胚於一個三維的球面」。簡單地說，一個閉的三維流形就是一個有邊界的三維空間；單連通就是這個空間中每條封閉的曲線都可以連續地收縮成一點，或者說在一個封閉的三維空間，假如每條封閉的曲線都能收縮成一點，這個空間就一定是一個三維圓球。

15 黎曼假設：關於黎曼ζ函數ζ(s)的零點分布的猜想，由數學家黎曼於 1859 年提出。

16 納維－斯托克斯方程（Navier-Stokes equations）：一組描述像液體和空氣這樣的流體物質的方程，簡稱 N-S 方程。

17 BSD 猜想：全稱為貝赫和斯維納通－戴爾（Birchand Swennerthon-Dyer）猜想，其描述了阿貝爾簇的算術性質與解析性質之間的連繫。

12 NP 完全問題：多項式複雜程度的非確定性問題。如果任何一個 NP 問題都能通過一個多項式時間演算法轉換為某個 NP 問題，那麼這個 NP 問題就稱為 NP 完全問題。

13 霍奇猜想：代數幾何的一個重大的懸而未決的問題。由威廉‧瓦倫斯‧道格拉斯‧霍奇（Williamn Vallance Douglas Hodge）提出，它是關於非奇異複代數簇的代數拓樸和它由定義子簇的多項式方程所表述的幾何的關聯的猜想。

18 南部陽一郎：美籍日裔物理學家，弦理論奠基人之一，因發現原子的對稱性自發破缺機制與小林誠、益川敏英共同獲得 2008 年諾貝爾物理學獎。

楊—米爾斯理論一「出生」就有著先天缺陷，包立提出的質量問題最後被南部陽一郎 [18] 的對稱性自發破缺機制及希格斯等人發明的希格斯機制勉強解決，成果就是電弱統一理論。再經過當代物理學家的努力，才成為粒子標準模型。該理論的缺點也很明顯，除了希格斯機制讓人覺得缺乏美感和理性外，它在描述重粒子的數學過程中找不到嚴格解，還因為它沒有量子引力、沒有暗物質、沒有暗能量，甚至電弱力和強力的統一還遠遠沒有成功。

這些缺點讓人覺得以楊—米爾斯理論為基石的規範場論就像一件美麗的衣服，但在關鍵部位破了幾個洞。而當代最頂尖的物理學家費曼（Richard Feyman）、蓋爾曼、格拉肖（Sheldon Glashow）、溫伯格、希格斯、維騰專門為規範場論這件衣服打上了「補丁」，這才勉強拿得出手。

「千年大獎問題」中有關於楊—米爾斯理論的問題，也說明了這個理論還有很大的完善空間。但不管怎樣，作為當代最前沿的物理學理論，已經在全世界範圍內的實驗室裡所開展的實驗中得到證實，這已經是不可描述的偉大成就。

量子電動力學大師弗里曼・戴森在紀念愛因斯坦的著名演講《鳥和青蛙》裡這樣評價楊振寧：這是一隻鳥的貢獻，它高高飛翔在諸多小問題構成的熱帶雨林之上，我們中的絕大多數在這些小問題裡耗盡了一生的時光。

結語
朝聞道，夕死可矣

劉慈欣的科幻小說《朝聞道》描述了這樣一個故事，人類建立了巨大的粒子加速器，想要揭示宇宙的奧秘，尋找物理學上的大統一理論，卻被突然出現的超級文明警告：宇宙的最終奧秘，可能導致宇宙的毀滅，所以不能允許人類探尋這個奧秘。

2012 年，科學家們發現希格斯粒子後，規範場論最後一個缺陷被彌補，它統一了目前自然界的四種基本力中的三種，愛因斯

坦窮盡後半生追求的大統一理論 —— 規範場論正在步步逼近。

物理學的終極奧義是什麼呢？科學家們行走於求知的鋼絲線上，追尋著夢寐以求的答案。或許，這條路的終點就是宇宙的終極之美，但也有可能為之付出了一切，卻終究無法到達。

應用篇

15

向農公式：5G 背後的主宰

$$C = B \log_2 \left(1 + \frac{S}{N}\right)$$

向農重新建造了一個全新的世界，
從宙斯的額頭開始。

從烽火狼煙到郵政印刷，從電報廣播到網路通信。自向農公式誕生之後，人類在遠距離傳輸資訊的這條通信道路上越走越快。這是科學的指引，是技術的進步，是超越國家邊界的物理存在。

即使經歷了從 1G[1]（First Generation）到 2G[2]，從 2G 到 3G[3]，從 3G 到 4G[4] 的行動通信變更，各家巨頭 AT&T[5]、摩托羅拉[6]、易利信[7]、英國電信、諾基亞、高通[8]、蘋果、中國移動、華為……你方唱罷我登場，但始終沒有誰能坐穩通信業的「鐵王座」。

面對即將到來的 5G[9]，誰是這場通信變革的新起之秀？

歷史顯然並不在意這些，通信技術的主宰者從來只有一個，那就是向農公式。

向農公式是什麼？它為什麼是 5G 的真正主宰？

向農：數位通信時代的奠基人

1997 年，美國波士頓城外一幢用灰泥粉飾過的宅邸裡，每天下午總有一個白髮朱顏的老頭一邊騎著獨輪車，一邊拋接四個球，不厭其煩地操練雜耍技藝。

[1] 1G：第一代行動通信技術的簡稱，表示以類比技術為基礎的蜂窩無線電話系統，如現在已經淘汰的類比行動網，制定於二十世紀 80 年代。

[2] 2G：第二代手機通信技術規格，以數位語音傳輸技術為核心。其一般定義為無法直接傳送電子郵件、軟體等資訊，只具有通話和時間、日期等傳送功能的手機通信技術規格。

[3] 3G：第三代行動通信技術，是指支援高速資料傳輸的蜂窩行動通信技術。3G 能夠同時傳送聲音及資料資訊，速率一般在幾百 kbit/s 以上，是將無線通訊與國際網際網路等多媒體通信結合的新一代行動通信系統。

[4] 4G：第四代行動電話行動通信標準，指的是第四代行動通信技術，集 3G 與 WLAN 於一體，並能夠快速傳輸資料、高品質音訊、視頻和圖像等。

[5] AT&T：一家美國電信公司，美國第二大行動運營商，創建於 1877 年，曾長期壟斷美國長途和本地電話市場，前身是由電話發明人貝爾於 1877 年創建的美國貝爾電話公司。

[6] 摩托羅拉：總部位於芝加哥市郊，世界財富百強企業之一，是全球晶片製造、電子通信的領導者。

[7] 易利信：1876 年成立於瑞典首都斯德哥爾摩，業務遍布全球多個國家和地區，是全球領先的提供端到端全面通信解決方案及專業服務的供應商。

[8] 高通：創立於 1985 年，總部設於美國加利福尼亞州，是全球 3G、4G 與 5G 技術研發的領先企業，目前已經向全球多家製造商提供技術使用授權，涉及了世界上所有電信設備和消費電子設備的品牌。

[9] 5G：第五代行動電話行動通信標準，也稱第五代行動通信技術。

若有到訪者來此，他會興致勃勃地分享他的「雜耍統一場論」：如果 B 代表球的數量，H 代表手的數量，D 表示球在手中度過的時間，F 則代表著每個球的飛行時間，E 代表每只手不拿球的時間，那 $\dfrac{B}{H} = \dfrac{D+F}{D+E}$。

遺憾的是，該理論並不能幫助這個 81 歲的老人實現扔四個球的美夢。所以，他要賴地狡辯道：「這是因為我的手太小了！」儘管他在狡辯，但他身邊的每個人眼神裡都透著敬畏。雖然克勞德·向農沒有愛因斯坦那般赫赫有名，卻也是享譽一時的偉大人物。

在科學的世界，始終流傳著各種有關向農的傳說，人們稱他為「資訊理論之父」和「數位通信時代的奠基人」。這一切都源於他 1948 年親手所繪的那一幅「數位時代的藍圖」——《通訊的數學原理》。

在這篇論文裡，向農以無與倫比的想像力和創造力，用科學方法定義資訊，發展了資訊理論，提出通信業兩大定律，並以資訊理論指引通信發展，使人類從工業社會過渡到資訊社會，最後進入前所未有的數位通信時代。

5G 前傳：資訊即情報

什麼是資訊？二十世紀以前，「資訊」尚處於混沌之中，更多的時候，它是一紙家書，是鬥獸場的公示牌，或是市場上的吆喝……

直到向農將該詞定義為：資訊是用來消除隨機不確定性的東西。向農究竟是如何找到它的精確定義的？第二次世界大戰期間，向農待在貝爾實驗室為美國情報部門工作，這使向農對「資訊」（information）一詞有著深刻理解。英文中，資訊和情報是同一個詞，而情報的作用就是消除不確定性，尤其在戰爭時期，情報有時能在瞬間決定勝負。

1941 年，第二次世界大戰正處於白熱化階段。德國 430 萬大軍兵臨莫斯科，史達林在歐洲已無兵可派，想調回遠在西伯利亞

中蘇邊境駐紮著的 60 萬大軍。史達林一直在揣度德國盟友日本人的心思，日本人究竟是選擇北上進攻蘇聯，還是南下和美國開戰？

最終，傳奇間諜佐爾格向莫斯科發來了信息量僅 80 bit 的情報（信息）：「日本將南下。」史達林鬆了口氣，並即刻下令：大後方的 60 萬大軍撤回歐洲，增援莫斯科會戰。歷史就此迅速發生了大轉折。

史達林通過獲取情報做出決斷的故事，其實就是一個獲取新信息，並且消除不確定性的過程。這個過程展現了資訊的作用，也是信息論原理的一個具象呈現。

由此，資訊的定義出來了，是消除不確定性的東西。那什麼又是資訊理論呢？

資訊理論：新時代的技術基石

1948 年，在《通信的數學原理》一文中，向農完成了他八年的夙願，為通信系統建立起一整套數學理論。這標誌著資訊理論的誕生，並直接誕生了一個新的學科：資訊科學。此後，這個世界所有的資訊都可以用 0 和 1 來表示，向農帶領人類從工業時代進入資訊時代。

為了對資訊及資訊的不確定性進行度量，向農在《通信的數學原理》中提出了「位元」（比特）和資訊熵的概念。

「位元」是向農自創用來測量資訊的單位，現已躋身於米、千克、分鐘之列，成了日常生活中常見的量綱之一，是電腦最小的資料單位。

例如，「向農真的好厲害」這七個漢字，一個漢字兩位元組（字節），一位元組 8bit，總共就是 112 bit。

資訊「熵」則是資訊理論中最基本的一個概念，是向農從熱力學中「偷」過來用的，專門用於描述信源的不確定度，是消除不確定性所需信息量的度量。該公式表示如下：

$$H(X) = -\sum_{x} P(x)\log_2[P(x)]$$

式中，x 為隨機變數；X 為隨機變數的集合；P（x）為變數出現的機率。

其具體定義為：對於任意一個隨機變數 x，變數的不確定性越大，熵也就越大，把它弄清楚所需要的信息量也就越大。

該公式現在被廣泛應用於資料壓縮之中，計算檔案壓縮的極限值。如今，我們能把整部高清電影塞進一張薄薄的塑膠片裡還要得益於它。

關於資訊熵的公式，華裔物理學家張首晟曾經引用愛因斯坦的話感慨：這個公式雖然不像 $E=mc^2$ 那麼知名，但人類知識往前推進，牛頓力學可能不對，量子力學可能不對，相對論可能也不對，而資訊熵公式卻是永恆的。

在對資訊的基本概念定義之後，向農提出資訊學的兩大定律。

向農第一定律，即信源編碼定律，簡單來說就是教會人類如何用數學方式將資訊編碼。

向農第二定律，即向農公式，描述了一個通道中的極限資訊傳輸率和該通道能力，這是現代通信行業的「金科玉律」。

向農成功藉助數學基本建立了資訊知識體系的構架，資訊理論在新的時代掀起一場狂風巨浪般的資訊革命，一個新帝國正以前所未有的速度崛起。

什麼是向農公式？

19 世紀初，電磁學的發展使電報、電話、無線電廣播等如雨後春筍般出現，遠距離通信傳輸首次有了飛躍性發展，但有關它們傳輸載體資訊本身的研究基本毫無動靜。

直到向農定義了資訊的相關概念，才用資訊熵解決了當時電報、電話、無線電等如何計量信號信息量的問題。但怎麼在遠距離通信中進一步提高資訊傳遞的信息量，加快資訊的傳送速率呢？

這是更令人焦急的煩惱，不能以後總是只發幾個字的電報吧？

但資訊無質無量，誰知道到底是什麼在影響它的速率呢？

這就是頂尖科學家存在的意義，向農直接給出了通道容量公式，即向農公式。這個公式定義了資訊傳送速率上限，即向農極限，幾乎所有的現代通信理論都是基於這個公式展開的，其數學運算式為：

$$C = B \log_2 (1 + \frac{S}{N})$$

式中，C 為資訊速率的極限值；B 為通道頻寬（Hz）；S 為信號功率（W）；N 為雜訊功率（W）；$\frac{S}{N}$ 為信噪比。

我們可以簡單把資訊通道看作城市道路，這條道路上，單位時間內的車流量受到道路寬度和車輛速度等因素的制約，在這些制約條件下，單位時間內最大車流量就被稱為極限值。根據向農定理，由於受到固有規律的制約，任何通道都不能無限增加資訊傳送的速率。

從向農公式中我們可以看出，想要提高資訊的傳送速率，關鍵在於提高信噪比和頻寬。

C 一定時，B 與 $\frac{S}{N}$ 可以互換，即通道頻寬和信噪比可以互相交換。也就是說，在傳送速率不變的情況下，提高通道頻寬可以容忍更低的信噪比，反之亦然。通道頻寬和信噪比的互換是擴頻通信的理論基石，通過增加通道頻寬，我們甚至可以輕鬆應對小於 0 的信噪比。

向農公式作為資訊時代的「聖經」，它是現代資訊革命必須遵循的科學原理，也是數位通信時代的理論基石。

造物主有這樣的能力，他說世界很簡單，原則就這條，你們自己研究吧。

資訊時代：在向農公式中追逐極限

作為資訊時代的設計師，向農寫完公式後留下一句：極限就在這裡。接著他就跑回自己的院子裡玩雜耍去了。現在回頭來看，這簡直是二十世紀以來最動人的故事。如今，全世界都在為他的公式瘋狂，都在努力向極限逼近。

從 1G 至 2G，從 3G 至 4G，甚至到 5G 的通信變更，全世界一流的通信運營商和生產商也一直廢寢忘食地追逐著向農極限。

在這期間，以向農公式為通信理論之基，通過不斷革新技術，提高信噪比，增加頻寬，我們也經歷了大約每 10 年就發生一場時代劇變的行動通信技術演進史（圖 15-1），生活也因此而瞬息萬變。

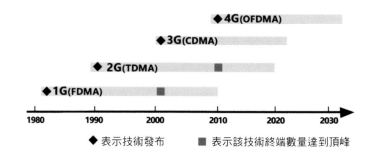

圖 15-1 行動通信技術演進史

1986 年左右，依託著分頻多重進接（Frequency Division Multiple Access, FDMA）技術 [10]，1G 時代崛起。生活在資訊依靠類比信號傳遞的世界，我們手拿價格高昂的「大哥大」，四處尋找能聽得清楚對方講話的最佳位置。

1995 年左右，揮別 1G，分時多重進接（Time Division Multiple Access, TDMA）技術 [11] 使我們進入了 2G 世界。諾基亞 7110 開啟了人類手機上網的時代，也開啟了傳遞 160 字長度的短信的生活，數位行動電話逐漸取代類比行動電話，一代巨頭摩托羅拉也就此走下神壇。

2007 年左右，分碼多重進接（Code Division Multiple Access，CDMA）技術 [12] 大行其道。伴隨著智慧手機 iPhone 的出臺，3G

10 分頻多重進接：把通道頻帶分割為若干更窄的互不相交的頻帶（稱為子頻帶），再把每個子頻帶分給一個用戶專用（稱為地址）。

11 分時多重進接技術：一種為實現共用傳輸介質（一般是無線電領域）或者網路的通信技術。它允許多個用戶在不同的時間片（時隙）來使用相同的頻率。用戶迅速地傳輸，一個接一個，每個用戶使用他們自己的時間片。

12 分碼多重進接技術：一種擴頻多址數位式通信技術，通過獨特的代碼序列建立通道，可用於二代和三代無線通訊中的任何一種協議。

網路火了起來，手機 APP 生態系統開始建立，賈伯斯手握觸控式螢幕的蘋果一舉成功打敗了按鍵盤的諾基亞。

2013 年左右，正交分頻多重進接（Orthogonal Frequency Division Multiple Access, OFDMA）技術[13]引發變局。4G 以更快的上網速度開創了移動網際網路時代，我們用微信語音聊天，通過支付寶掃碼付款，看短視頻消遣娛樂，手機已成為我們生活中不可或缺的一部分。

短短幾十年，依託著向農定理建立起來的通信技術和系統，時代無時無刻不在以更快的速度往前發展。如圖 15-2 所示，2G 實現從 1G 的類比時代走向數位時代；3G 實現從 2G 數位時代走向行動互聯時代；現在，4G 又開始要從行動互聯時代向 5G 萬物互聯時代邁進。

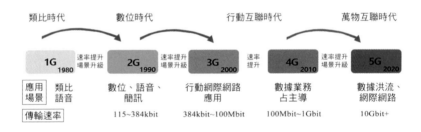

圖 15-2 通信時代演變圖

在更大的頻寬、更高的傳輸速率之下，人們收穫的不僅是更低的通信資費，還有更便捷的生活方式，以及更高效的生產效率。那即將到來的 5G 又會給我們的生活帶來怎樣的改變？

5G 有以下三個基本特點。

（1）eMBB 大頻寬：下載速率理論值將達到 10GB/s，將是當前 4G 上網速率的 10 倍。

（2）uRLLC 低延時：5G 的理論延時是 1ms，是 4G 延時的幾十分之一，基本達到了準即時的水準。

（3）mMTC 廣聯接：5G 單通信社區可以連接的物聯網終端數量理論值將達到百萬級別，是 4G 的 10 倍以上。

屆時，VR、AR、自動駕駛等應用躍躍欲試。5G 又是否會迎

來人與物、物與物之間的通信，實現萬物互聯？

答案未知。當然，也有聲音說別狂吹 5G 了，但無論如何，新的一輪資訊技術革命即將來臨。

不過，這一切仍然在向農公式的股掌之間。

結語
與 $E=mc^2$ 比肩的向農公式

《資訊》的作者詹姆斯・格雷克曾說：「將向農與愛因斯坦進行對比更有意義。愛因斯坦貢獻突出，地位顯赫。但我們並沒有生活在相對論時代，而是生活在資訊時代。正是向農，在我們所擁有的電子設備中，在我們注視的每一個電腦螢幕上，以及所有數位通信的方法中都留下了他的印跡。他是這樣一個人：他改變了世界，而且在更改以後，舊世界已經被人們徹底遺忘。」

若從實用層面來說，詹姆斯・格雷克的話無疑令我們心服首肯。單就向農公式，無論是 1G、2G、3G 還是 4G、5G，甚至是未來的 6G、7G，萬變不離其宗，全部都在向農公式中尋找力量。這種改變人類生活面貌的偉大貢獻，足以與愛因斯坦的 $E=mc^2$ 相提並論。

一切正如麻省理工學院教授大衛・福爾內所稱讚的：向農重新建造了一個全新的世界，從宙斯的額頭開始。

16

布雷克—斯科爾斯方程：金融「巫師」

$$C = S \cdot N(d_1) - Xe^{-rr}N(d_2)$$

方程能定價期權，卻無法預測人性。

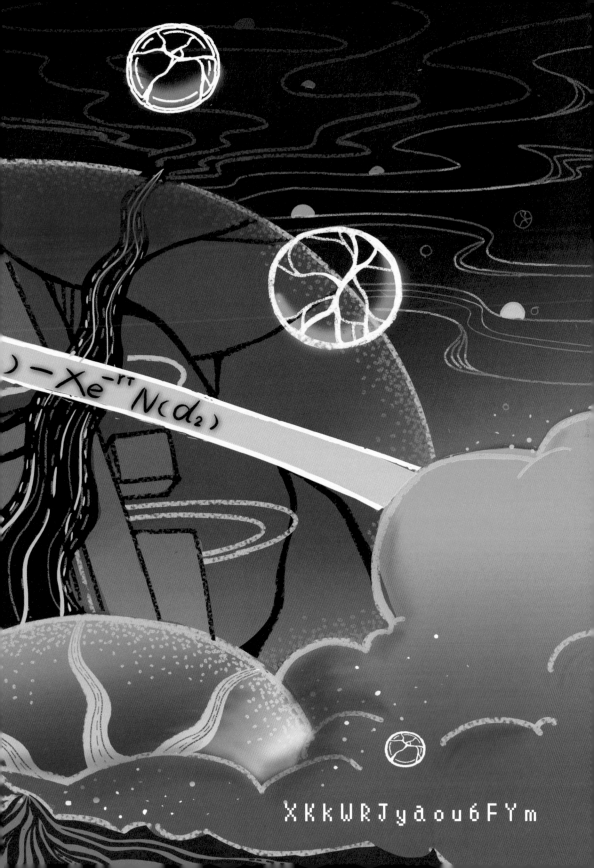

「我可以計算天體運行的軌跡，卻沒有辦法計算人性的瘋狂。」

牛頓買了大家都非常看好的英國南海公司股票，但最終由於泡沫破滅，官至皇家造幣局局長的牛頓虧損 2 萬英鎊，為此發出這番感慨。不過，二十世紀的布雷克和斯科爾斯似乎有著不同的意見：經濟沒有那麼複雜，關鍵在於是否關注數學而已。

這兩位玩轉風雲的金融大師，對 1966 至 1969 年間期權交易資料進行分析後，發表了《期權定價和公司債務》一文，在 1973 年給出了期權定價公式，創造了一個堪稱只有金融「巫師」才能發現的秘密。為表紀念，該公式以二人名字命名，即著名的布雷克—斯科爾斯公式。該公式向世界證明，無論經濟表面現象有多複雜，數學總能將這種複雜刻畫出來。

後來，斯科爾斯和默頓又進一步發展了這一方程，為新興衍生金融市場中包括股票、債券、貨幣、商品在內的衍生金融工具[1]的合理定價奠定了基礎。

1 衍生金融工具：又稱金融衍生產品，是與基礎金融產品相對應的一個概念，如在貨幣、債券、股票等傳統金融工具的基礎上衍化和派生的，以槓桿和信用交易為特徵的金融工具。

這個方程的崛起使得全球金融衍生市場步入全盛時期，一個衍生工具的時代到來了。它創造出數十萬億金融衍生產品，並讓美國金融行業上升至社會所有行業的頂峰，甚至包括世界經濟也因衍生市場的繁榮而煥然一新。

美國「第二次華爾街革命」也因該公式的誕生吹起了新生的號角，金融工程在經濟學界破土而出，人稱「數量分析專家」的新一代交易家成為華爾街最炙手可熱的精英人才。大批故步自封的傳統投資銀行江河日下，一家新的資本管理公司——LTCM（Long-Term Capital Management）開始嶄露鋒芒。

LTCM
華爾街的時代寵兒

關於布雷克—斯科爾斯方程的偉大應用，LTCM 是最有發言權的，可以說，它是這一方程的最佳代言人。通過一絲不苟地執

行布雷克—斯科爾斯方程套期理論，LTCM 在整個金融界掀起一番「腥風血雨」。

1994 年，長期資本管理公司 LTCM 創立，這是一家主要從事定息債務工具套利[2]活動的對沖基金[3]公司。LTCM 的創始人是被譽為能「點石成金」的華爾街「債券套利之父」梅里韋瑟（John Meriwether），早期曾就職於華爾街的著名投資銀行所羅門兄弟公司債券部門，離開後創立了 LTCM。合夥人包括前美聯儲副主席莫林斯、默頓和斯科爾斯等。其中，斯科爾斯和默頓都是經濟學界的泰斗級大師，前者是布雷克—斯科爾斯方程的創始人之一，後者是公式的改進人，他們還獲得了 1997 年的諾貝爾經濟學獎。

這樣一支號稱「每平方英寸智商密度高於地球上任何地方」的夢幻團隊，集結了數學、金融、政客、交易員等諸多精英於一體，在成立之初就毫不費力地融資了 12.5 億美元。

與傳統債券交易員依賴經驗和直覺不同的是，梅里韋瑟更相信數學天才的頭腦和電腦裡的模型，他認為數學模型是揭露債券市場秘密的最好利器。他曾經在所羅門公司組建了套利部，收羅了一批與別人格格不入的數學怪胎，這批最能賺錢的「賭徒」在華爾街赫赫有名。

而這一次，LTCM 掌門人梅里韋瑟依舊選用了數學模型作為投資法寶。

斯科爾斯和默頓這兩位金融工程方向的著名學者，將金融市場的歷史交易資料、已有的市場理論和市場訊息有機結合在一起，形成了一套較完整的電腦數學自動投資模型。

以「不同市場證券間不合理價差生滅自然性」為基礎，LTCM 利用電腦處理大量歷史資料，通過精密計算得到兩個不同金融工具間的歷史價差，並將其作為參考，再綜合市場訊息來分析最新價差，在發現不正常市場價差時，電腦立即建立起龐大的債券和衍生性工具組合，進行套利。

套利建立在對沖操作上，所謂對沖，就是在交易和投資中，同時進行兩筆行情相關、方向相反、數量相當、盈虧相抵的交易，用一定的成本去「沖掉」風險，來獲取風險較低或無風險利潤。

2 套利：也稱價差交易，指的是在買入或賣出某種電子交易合約的同時，賣出或買入相關的另一種合約。套利通常也指在某種實物資產或金融資產（在同一市場或不同市場）擁有兩個價格的情況下，以較低的價格買進，較高的價格賣出，從而獲取無風險收益。

3 對沖基金：採用對沖交易手段的基金，也稱避險基金或套期保值基金，具體是指利用金融期貨和金融期權等金融衍生工具進行盈利。

4 做多：一種金融
市場術語，看好股
票、外匯或期貨等未
來的上漲前景而進行
買入持有，等待上漲
獲利。做多就是做多
頭，相信價格將上漲
而買進某種金融工
具，如股票、外匯或
期貨，期待漲價後高
價賣出。

5 賣空：先借入標
的資產，然後賣出獲
得現金，過一段時間
後，再支出現金買入
標的資產歸還。用做
空投機是指預期未來
行情下跌，則賣高買
低，將手中借入的股
票按目前價格賣出，
待行情跌後買進再歸
還，獲取差價利潤。

LTCM 主要從事所謂「趨同交易」，即尋找相對於其他證券價格錯配的證券，做多[4] 低價的，賣空[5] 高價的，並通過加槓桿的方式將小利潤變成大收益。

例如，1996 年義大利、丹麥、希臘的政府債券價格被低估，而德國債券價格被高估。根據數學模型預測，義大利、丹麥、希臘的政府債券與德國債券的息差會隨著歐元的啟動而縮小，於是 LTCM 大量買入低價的義大利、丹麥、希臘的政府債券，賣空高價的德國債券。只要德國債券與義大利、丹麥、希臘的政府債券價格變化方向相同，當二者息差收窄時，就可以從中得到巨額收益。後來市場表現與 LTMC 的預測一致，在高財務槓桿下，資金收益被無限放大。

這樣的對沖組合交易，LTCM 在同一時間持有二十多種，每一筆核心交易都有著數以百計的金融衍生合約作為支持。藉助於複雜的數學估價模型，LTCM 很快在市場上賺得盆滿缽滿。

成立短短四年，LTCM 戰績赫赫，淨資產增長速度極快，如圖 16-1 所示。到了 1997 年年底，資本已達到了七十多億美元。同時，每年的回報率平均超過 40%，1994 年收益率達到 28%，1995 年收益率高達 59%，1996 年收益率是 57%，即使在東亞金融危機發生的 1997 年，也依然斬獲 25% 的收益率。

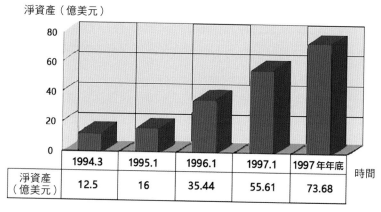

淨資產（億美元）

時間	1994.3	1995.1	1996.1	1997.1	1997 年年底
淨資產（億美元）	12.5	16	35.44	55.61	73.68

圖 16-1 LTCM 淨資產增長圖

這一系列記錄及合夥人的聲望使投資人對 LTCM 情有獨鍾，貝爾斯登、所羅門美邦、信孚銀行、JP 摩根、雷曼兄弟公司、大

通曼哈頓銀行、美林、摩根士丹利等華爾街各大銀行都想成為投資者，以求能分得一杯羹。

至此，LTCM 如日中天。

B-S 模型
最「貴」的偏微分方程

LTCM 造就的財富神話一度使人驚歎不已，他們幾乎從無虧損，沒有波動，這簡直就像是沒有風險。著名的金融學家夏普疑惑不解地問斯科爾斯：「你們的風險在哪裡？」

斯科爾斯也直撓頭：「沒有人看到風險去哪裡了。」

在 LTCM 的操作中，斯科爾斯他們始終遵循「市場中性」原則，即不從事任何單方面交易，僅以尋找套利空間為主，再通過對沖機制規避風險，使市場風險最小化。在這一系列對沖組合的背後，隱藏著無數控制風險的金融衍生合約，以及錯綜複雜的數學估價模型。最初開創了金融衍生時代、催生出一大批新生代「數量分析師」的布雷克—斯科爾斯方程，在 LTCM 戰無不勝、攻無不克的一路高歌中，可謂立下汗馬功勞。

布雷克—斯科爾斯方程（Black-Scholes 期權定價模型）簡稱 B-S 模型，其思想來源於現代金融學中的一場「實踐之旅」。

1952 年，芝加哥大學一名博士生馬科維茨用一篇論文製造了現代金融學的大爆炸，人類歷史上第一次清晰地用數學概念定義並解釋了「風險」和「收益」兩個概念，把收益率視為一個數學的隨機變數，證券的期望收益是該隨機變數的數學期望，而風險則可以用該隨機變數的方差來表示。二十世紀 60 年代，馬科維茨的學生夏普攜手其他幾個人繼續研究，進一步推導出期望收益率與相對風險程度之間的關係，這就是金融學中最著名的資本資產定價模型（Capital Asset Pricing Model, CAPM）。

布雷克的核心思想，就是在 CAPM 世界中尋找一個漂亮的衍生品定價模型。

從馬科維茨開始，金融學就步入了一場理論與現實相結合的

6 無套利定價法：基本思路為構建兩種投資組合，讓其終值相等，則其現值一定相等；否則，就可以進行套利，即賣出現值較高的投資組合，買入現值較低的投資組合，並持有到期末，套利者就可賺取無風險收益。這樣就可根據兩種組合現值相等的關係求出遠期價格。

7 看漲期權：期權是指一種合約，賦予持有人在某一特定日期或該日之前的任何時間以固定價格購進或售出一種資產的權利。某檔股票的看漲期權就是指以某個固定的執行價格在一定期限內買入該證券的權利。

8 折現：將未來收入折算成等價的現值，該過程將一個未來值以一個折現率加以縮減。

9 MIT：麻省理工學院的英文簡稱，座落於美國麻塞諸塞州波士頓都市區劍橋市，是世界著名私立研究型大學。

「實踐之旅」，行為金融學日漸興起，而二十世紀 70 年代的「異端」布雷克，就在那個無套利分析法大放光彩的市場中，窺見了一套為金融衍生品投資行為量身定制的法寶。

無套利定價法 [6] 告訴我們，假設在一定的價格隨機過程中，每一時刻都可通過股票和股票期權的適當組合對沖風險，使該組合變成無風險證券，這樣就可以得到期權價格與股票價格之間的一個偏微分方程。只要解出這個偏微分方程，期權的價格也就隨之而出。

布雷克和斯科爾斯兩人藉助於物理界的一個熱運動隨機方程，再把 f 定義為依賴於股票價格的衍生證券的價格，一鼓作氣推出 B–S 偏微分方程，這個方程就藏著衍生證券的價格：

$$\frac{\partial f}{\partial t} + rS\frac{\partial f}{\partial S} + \frac{1}{2}\sigma^2 S^2 \frac{\partial^2 f}{\partial S^2} = rf$$

B–S 偏微分方程令布雷克和斯科爾斯著迷不已，但也令他們抓耳撓腮。在苦苦思索後，布雷克選擇從歐式看漲期權 [7] 入手，將未來期望收益值進行折現 [8]，進一步解出看漲期權價格 c_t 為：

$$c_t = S_t N(d_1) - Xe^{-r(T-t)}N(d_2)$$

其中：

$$d_1 = \frac{\left[\ln\left(\frac{S_t}{X}\right) + \left(r + \frac{\sigma}{2}\right)\left(T-t\right)\right]}{\sigma(T-t)^{\frac{1}{2}}}$$

$$d_2 = d_1 - s\,(T-t)\frac{1}{2}$$

式中，$N(x)$ 為標準正態變數的累積分布機率；x 服從 $N(0,1)$；T 為到期日；t 為當前定價日；$T-t$ 為定價日距到期日的時間；S_t 為定價日標的股票的價格；X 為看漲期權合同的執行價格；r 為按連續複利計算的無風險利率；σ 為標的股票價格的波動率。

有趣的是，同年，來自麻省理工學院（Massachusetts Institute of Technology, MIT）[9] 的金融教授「期權之父」默頓也發現了同樣的結論。

這三人相逢，便是一齣高山流水的經典戲碼，高手過招，惺惺相惜，碰撞出了更多期權思想的火花。謙遜的默頓一直等到布雷克模型公布後才發表了自己的論文，甚至在後來還改進了模型，創造性地提出看跌期權[10]定價模型，擴大了公式的應用範圍。

歐式看漲期權和看跌期權之間存在著一種平價關係：

$$c + Xe^{-r(T-t)} = p + S$$

將這種平價關係同標準正態分布函數的特性結合起來，即 $N(x) - N(-x) = 1$，就可以得到歐式看跌期權的定價公式：$P_t = -S_t[1 - N(d_1)] + Xe^{-r(T-t)}[1 - N(d_2)]$。

B-S 模型剛推出之時，曾因完全脫離了經濟學一般均衡的框架，被主流經濟期刊視為「異端」而不予接收。不少經濟學家大驚失色，怎麼可以直接用無套利的方法給證券定價？但與模型定價驚人吻合的市場資料，讓華爾街欣喜若狂。

這一模型十分有效，是經濟學中應用最頻繁的一個數學公式，但要使其奏效，還需滿足一些複雜的假設。

（1）證券價格 S 遵循幾何布朗運動（Geometric Brownian Motion, GBM）[11]，即 $dS = \mu S dt + \sigma S dz$。

股價遵循幾何布朗運動，意味著股價是連續的，它本身服從對數正態分布，資產預期收益率 μ、證券價格波動的標準差 σ 為常數。在 B-S 期權定價公式中，受制於主觀因素的 μ 並未出現，這似乎在告訴我們，不管你的主觀風險收益偏好怎麼樣，都對衍生證券的價格沒有影響。

這其中，恰恰蘊含著風險中性定價的思想，在風險中性的條件下，所有證券的預期收益率都等於無風險利率。幾何布朗運動的假設保證了股價為正（對數定義域大於 0）、股價波動率、股票連續複利收益率遵循鐘形分布，這與實際股市資料也是較為一致的。

（2）有效期內，無風險利率 r 為一個常數。無風險利率 r 是一種理想的投資收益，通常指國債一類沒有風險的利率，到期不僅能收回本金，還能獲得一筆穩定的利息收入。

10 看跌期權：也稱賣出期權，期權交易的種類之一。是指在將來某一天或一定時期內，按規定的價格和數量賣出某種有價證券的權利。如果未來基礎資產的市場價格下跌至低於期權約定的價格（執行價格），看跌期權的買方就可以以執行價格（高於當時市場價格的價格）賣出基礎資產而獲利。

11 幾何布朗運動：又稱指數布朗運動，是連續時間情況下的隨機過程，其中隨機變數的對數遵循布朗運動。幾何布朗運動在金融數學中有所應用，用來在布雷克—斯科爾斯定價模型中模仿股票價格。

12 印花稅：對經濟活動和經濟交往中書立、領受具有法律效力的憑證的行為所徵收的一種稅。

（3）標的證券沒有現金收益支付，如有效期內的股票期權，標的股票不支付股利。

（4）期權為歐式期權。歐式期權的買方不能在到期日前行使權利；而與之對應，美式期權的買方可以在到期日前或任一交易日提出執行要求。

（5）市場無摩擦，即不存在交易費用和稅收，如印花稅[12]，以及所有證券交易都完全可分，投資者可以購買任意數量標的資產，如 100 股、10 股、1 股、0.1 股等。

（6）證券交易是連續的。

（7）市場不存在無風險套利機會，即「天下沒有免費的午餐」，不存在不承受風險就獲利這樣的投資機會，想獲得更高的收益就得承受更大的風險。

（8）賣空不受任何限制（如不設保證金），賣空所得資金可由投資者自由使用。

馬科維茨的投資組合理論在金融學中畫下了最基本的風險—收益框架。如果說「第一次華爾街革命」的爆發使現代投資證券業開始成為一個獨立產業，那麼布雷克—斯科爾斯方程則是「第二次華爾街革命」。金融衍生市場從此步入繁榮期，行為金融學為對沖基金的崛起提供了有力的支援，金融學和金融實踐的融合交錯，現代金融因此迅速發展。

站在時代浪潮之上，「數量分析專家」更是藉助 B-S 模型創造出數十萬億金融衍生產品，全球經濟財富指數級上升，美國金融行業一度升至社會所有行業的頂峰。可以說，這個公式，當之無愧為史上最「貴」的偏微分方程。

天使還是惡魔
銀行大廈一夜將傾

B-S 模型與現實資料的驚人吻合，使人們對這樣一個簡單有效的定價工具癡迷不已。尤其隨著巨額收益的日漸膨脹，許多銀

行家和交易員在欣喜若狂中，也把這個方程當成了一種對沖風險的法寶。藉助於 B-S 模型，以梅里韋瑟為首的「夢幻組合」也成了金融舞臺上最耀眼的明星。這群人沉浸於巨大槓桿財富的勝利喜悅中。

然而，風險仍然存在，它們隱而不發，伺機而動。1997 年，亞洲金融危機爆發，風險呼嘯而至，直接砸向了那群驕傲得不可一世的人，將他們無情吞噬。壓倒他們的最後一根稻草，是來自 1998 年 8 月 17 日俄羅斯的債務違約。

這個世界沒有絕對的贏家，數學之外，還有人性。

此後，巨星隕落，財神從神壇跌入塵埃。

1998 年上半年，LTCM 虧損 14%。

1998 年 9 月初，資本金從年初的 48 億美元掉落到 23 億美元，縮水超過一半。從 5 月俄羅斯金融風暴到 9 月全面潰敗，資產淨值下降 90%，LTCM 出現 43 億美元巨額虧損，僅餘 5 億美元，已走到破產邊緣。噩耗傳來，一切都無力回天，回頭望去，LTCM 曾經的獲利法寶，這一次卻變為惡魔。

LTCM 主要靠兩大法寶獲利，即數學模型和槓桿對沖交易。

在斯科爾斯和默頓的手中，所有的市場資料都被收入電腦數學模型之中，可以通過精確計算控制風險。一旦市場存在錯誤定價，他們就可以建立起龐大的債券及衍生產品的投資組合，進行套利投機活動。然而，他們忽略了，那個為金融衍生品交易定下基調的 B-S 模型本身存在著的風險。

在 LTCM 的投資組合中，金融衍生產品佔有很大的比例，但在 B-S 的期權定價公式中，暗含著這樣的假設。

（1）交易是連續不斷進行的。

（2）市場符合正態分布。

交易連續意味著市場不會出現較大的價格和行市跳躍，可以動態調整持倉來控制風險。基於這個假設及大數定律，我們很容易發現風險因數的變化符合正態分布或類正態分布。

這是很多定價模型的基本假設，但事實並非如此。市場並不是連續的，也根本不存在足夠的交易來時刻保持風險動態平衡，

很多無套利定價模型在這類假設下存在著缺陷。歷史上出現過很多次跳變現象，市場跳變顯示出市場並不符合正態分布，存在厚尾現象。而在 B-S 期權定價公式中，d_1 和 d_2 作為一種非線性情況的線性風險估值，在價格劇烈變動的情況下同樣失去了衡量風險的意義。當系統風險改變的時候，金融衍生工具的定價是具有不可估量性的，遠非一個公式可駕馭。

除此之外，在 LTCM 的數學模型中，它的假設前提和計算結果都是在歷史資料的基礎上得出的，但是歷史資料的統計過程往往會忽略一些機率很小的事件。這些事件一旦發生，將會改變整個系統的風險，造成致命的打擊，這在統計學上稱為厚尾效應，如圖 16-2 所示。

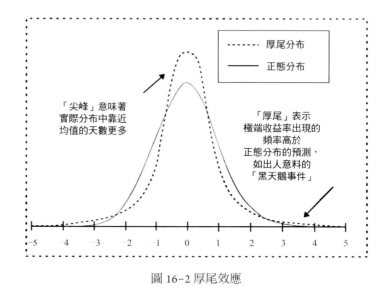

圖 16-2 厚尾效應

1998 年俄羅斯的金融風暴就是這樣的小機率事件，而 LTCM 就是被這根稻草壓死的。

倘若 LTCM 的「陰溝裡翻船」是一場失敗的風險管理，數學模型的缺陷使它增加系統風險，那它的另一獲利法寶 —— 槓桿對沖交易就埋藏著信用風險[13] 和流動風險[14]。

LTCM 想要借數學模型之手尋找常人難以發現的套利機會，為了達此目的，他們選擇了對沖交易，而為了放大收益，他們用了高槓桿。LTCM 利用從投資者處籌得的 22 億美元資本作抵

13 信用風險：又稱違約風險，是指借款人、證券發行人或交易對方因種種原因，不願或無力履行合同條件而構成違約，使銀行、投資者或交易對方遭受損失的可能性。

14 流動性風險：金融銀行術語之一，指商業銀行雖然有清償能力，但無法及時獲得充足資金，或無法以合理成本及時獲得充足資金，以應對資產增長或支付到期債務的風險。

押，買入價值 1250 億美元證券，然後以證券作為抵押，進行總值 12500 億美元的其他金融交易，槓桿比率高達 568 倍。

高槓桿比率是 LTCM 追求高回報率的必然結果，也是一把雙刃劍。對沖交易的作用建立在投資組合中兩種證券的價格正相關的基礎上，但如果正相關的前提發生改變，逆轉為負相關，對沖就變成了一種高風險的交易策略，或兩頭虧損，或盈利甚豐。在高槓桿比率下，對沖盈利和虧損都可以暴增，負相關的小機率事件一發生，尾部風險帶來的虧損足以讓整個 LTCM 陷入萬劫不復的境地，一著不慎，滿盤皆輸。

1998 年 8 月 17 日，俄羅斯宣佈債務違約，全球投資遭遇危機。隨之而來的就是全球市場開始暴跌，投資者不惜一切代價拋售手中的債券。俄羅斯的破產讓很多國際大銀行遭受損失，它們連夜召開緊急會議，要出售資產套現。

在這個慘澹的市場中，高槓桿比率要求 LTCM 擁有足夠的現金，滿足保證金需求。LTCM 曾經篤信哪怕市場因小機率事件偏離了軌道，也會回歸到正常水準，所以 LTCM 沒有預留足夠的現金，它面臨著被趕出「賭場」的危險，流動性不足把它推向了懸崖邊緣。

最後，利用歷史資料預測證券價格相關性的數學模型也失靈了。LTCM 所賣空的德國債券價格上漲，它所做多的義大利債券等證券價格下跌，對沖交易賴以生存的正相關變為負相關，高槓桿下的 LTCM 一切資產猶如打了水漂，通通血本無歸。

結語
數學無法預測人性

1998 年 9 月 23 日，美聯儲召集各大金融機構的頭目，以美林、摩根大通銀行為首的 15 家國際性金融機構注資 37.25 億美元購買了 LTCM90% 的股權，共同接管了 LTCM。2000 年，該基金走向了倒閉清算的覆滅之路。

風雲變幻的市場就像一個喜歡惡作劇的孩子，LTCM 的轉瞬直下，使人們從投機市場中的美夢中驚醒，世上原來並不存在完美的數學模型法寶，任何分析方法都有瑕疵。

在自由化全球金融體系下，LTCM 是數學金融的受益者，數學模型日益複雜，資本不受限制地自由流動，使對沖基金能夠呼風喚雨、攫取利潤，可這也成了它的墳墓。

布雷克─斯科爾斯方程作為投資人的聖杯，開創了衍生工具的新時代，催生了巨大的全球金融產業。但衍生工具不是錢或者商品，它們是對投資的投資，對預期的預期，其造就了世界經濟的繁榮，也帶來了市場動盪、信用緊縮，導致銀行體系近於崩潰，經濟暴跌。

然而，方程本身沒有問題，數學準確並且有用，限制條件也交代得很清楚。它提供了用於評估金融衍生產品價值的行業標準，讓金融衍生產品成為可以獨立交易的商品。如果方程得到合理使用，在市場條件不合適情況下嚴禁使用，結果會很好。

問題是，總有人濫用它。市場中的一些不完美因素將使權證的價格偏離 B-S 模型計算的理論值，包括交易不能連續、存在避險成本和交易費用等。槓桿作用使金融衍生工具過度投機，貪婪使其違背了投資初衷，成了一場不斷膨脹的泡沫賭博。金融業內，人們稱 B-S 方程為「米達斯方程」，認為它有把任何東西變成黃金的魔力，但市場忘了米達斯國王[15]的結局。

B-S 方程能定價期權，卻無法預測人性，這與牛頓的感慨如此類似。數學可以計算經濟運行的軌跡，卻沒有辦法計算人性的瘋狂。

15 米達斯國王：希臘神話中的一個國王，熱中於金錢，神賜予了他點石成金的能力，最終他卻不幸地將自己最愛的女兒變成了金人。

17

槍械：彈道裡的「技術哲學」

$$BC = \frac{d}{8000 \times Ln(\frac{v_1}{v_2})}$$

子彈穿過大腦的瞬間，意識活動就會戛然而止。

想像面前有一把上了膛的槍，黑洞洞的槍口正抵著你的太陽穴，那是什麼感覺？

冰冷，太陽穴處異常冰冷。這股冰冷以迅雷不及掩耳之勢，直接麻木了全身上下一百多億個神經細胞，以致大腦無法動彈，意識不清，無法給身體發出指令，只能一動不動杵在原地，彷彿自己變成了一座冰雕。

你眼角顫動，感覺那彈頭即將飛射而出，它卻遲遲未有動靜。其實現實僅僅過去了幾秒，對你而言卻彷彿過去了幾世紀。千萬種念頭飛逝而過，往事湧上心頭，你有點恍神，靈魂深處的恐懼讓你彷彿看到了自己的結局。終於，握槍之人冷漠地扣下扳機，射出了那一發絕命子彈。

但現實中槍械直射腦門的痛感，是否真是如此呢？

以一顆北約 7.62mm × 51mm 子彈為例

一般手槍的子彈離槍速度超過 300m/s，以北約彈 7.62mm × 51mm[1] 為例（7.62mm 表示子彈的口徑，51mm 表示彈殼的長度），該子彈可以在 100 公尺內貫穿 6mm 厚的均質鋼板。

如果子彈進入頭部，由於彈頭的特殊設計會立刻產生重心偏移，迅速翻滾，並把腦部組織結構往前推，使得腦部神經組織不斷拉伸，直到超出極限，最終導致組織撕裂。加上子彈在大腦中的穿行速度比組織撕裂的速度快，所以子彈是可以在毫秒、甚至微秒內把人的大片神經元殺死的。結果是，大腦神經元來不及傳遞痛覺信號這一最後的告別哀鳴，人就已經直接殞命。

當子彈穿過前額葉皮層[2]時，人的注意力、思考力及處理資訊的能力會消失；當子彈穿過丘腦[3]時，人的意識變模糊；當子彈穿過顳葉[4]時，人的感知覺不復存在；當子彈穿過海馬體[5]時，

1　北約彈：北大西洋公約組織標準子彈。北約彈有 5.56mm、7.62mm、12.7mm 三種型號，一般指 7.62mm × 51mm 口徑步槍彈。因為每個北約國家都有自己的槍枝制式，而北約是一個軍事聯盟組織，所以槍枝的通用性非常重要。

2　前額葉皮層：人類大腦高級功能的關鍵組成部分，堪稱人腦的「中央處理器」。前額葉皮層主要參與記憶形成、短期儲存及調取功能、語言功能、認知能力、行為決策、情緒的調節等。

3　丘腦：大腦皮層不發達的動物的感覺的最高級中樞，也是大腦皮層發達的動物最重要的感覺傳導接替站。來自全身各種感覺的傳導通路（除嗅覺外）均在丘腦內更換神經元，然後投射到大腦皮質。

4　顳葉：位於外側裂下方，由顳上溝和顳下溝分為顳上回、顳中回、顳下回。隱在外側裂內的是顳橫回。在顳葉的側面和底面，在顳下溝和側副裂間為梭狀回，側副裂與海馬裂之間為海馬回，圍繞海馬裂前端的鉤狀部分稱為海馬溝回。顳葉負責處理聽覺資訊，也與記憶和情感有關。

人所有的記憶將被清零；當子彈從大腦射出時，人的大腦裡面會形成一條空腔⋯⋯

槍械裡的彈道方程

　　為什麼子彈進入大腦會瞬間讓人失去意識？這需要瞭解一顆子彈的構成和它完整的發射流程，以及它裡面所隱藏的數學原理。

　　子彈一般由彈丸、藥筒、發射藥、火帽（底火[6]）四部分組成，如圖 17-1 所示。

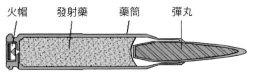

火帽　　發射藥　　藥筒　　彈丸

圖 17-1 子彈結構圖

　　當一顆接受神聖使命的子彈發射時，兢兢業業的射擊手會將火帽激發。然後，火帽會在一瞬間迅速燃燒並引爆彈殼內的發射藥，同時產生高溫和高壓，將彈丸從槍筒內擠出。這時的彈丸在高壓的推動下向前高速移動，受到膛線[7]的擠壓，產生旋轉，最終被推出彈膛，進入決一勝負的時刻。

　　從彈道學[8]角度看，子彈的發射流程可被精細劃分為四個階段，如圖 17-2 所示。彈丸從被擊發到離開槍管的階段稱為內彈道，彈丸穿越膛口流場的階段稱為中間彈道，彈丸離開身管後到擊中物體前的飛行階段稱為外彈道，彈丸擊中目標及進入目標的階段稱為終點彈道。

5　海馬體：又名海馬迴、海馬區、大腦海馬。海馬體位於大腦丘腦和內側顳葉之間，屬於邊緣系統的一部分，主要負責長時記憶的存儲轉換和定向等功能。

6　底火：配用於槍彈，體積比較小，安裝在槍彈藥筒底部，由輸入的機械能或電能刺激發火，用於點燃槍彈發射藥裝藥的部件，有些國家也稱為火帽。槍彈底火是槍彈的一個重要部件，結構比較簡單，使用時一般直接壓入槍彈藥筒的底部。

7　膛線：又名來福線。由於其截面形狀類似風車，因此又稱風車線。膛線可以說是槍管的靈魂，其作用在於賦予彈頭旋轉的能力，使彈頭在出膛之後，仍能保持既定的方向。

8　彈道學：研究彈頭運動的學問，又分膛內彈道學、膛外彈道學和終端彈道學。膛內彈道學研究彈頭在槍管內運動的情形；膛外彈道學研究彈頭離開槍口在空中飛行的運動情形；終端彈道學研究彈頭擊中目標後的運動情形，有時又稱為傷害彈道學。

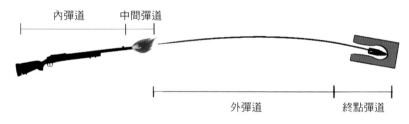

圖 17-2 子彈發射流程階段劃分

　　外彈道是彈丸成功按照既定軌跡完成致命一擊的關鍵。彈丸出膛後，由於引力作用，飛行軌跡總是向下彎曲，形成一條近似拋物線的曲線。但這條曲線總是變幻莫測，因為飛行過程受到空氣阻力影響，速度越來越慢，飛行姿態也會隨之不斷改變，反過來又改變了阻力，這給人們掌握彈丸的運動規律帶來了很大的困難。

　　在這種情況下，彈道係數（Ballistic Coeficient, BC）應運而生。彈道係數是一個用來衡量彈丸克服空氣阻力、維持飛行速度的能力的數學因數，反映了子彈抵抗阻力，保持飛行速度的一個特徵量，根據它可以推算各個距離上子彈的瞬時速度。

　　對於射手而言，通過彈道係數對比，可以大致了解某種子彈的性能如何，特別是遠距離射擊時的精度、速度和存能情況，這是挑選子彈的重要參考，也是遠距離瞄準的基本參數。如圖 17-3 所示，我們可以看到不同的彈丸在飛行中速度衰減量不同，因而彈道的下落高度也不同。

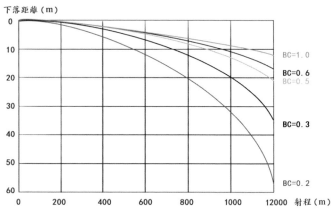

圖 17-3 彈道係數圖（1）

圖 17-4 則是彈道係數圖的另一種表述方式，通過它可以看到不同彈丸飛到一定距離的用時。

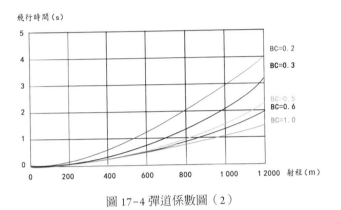

圖 17-4 彈道係數圖（2）

　　假設一種理想子彈，其彈道係數是 1，其他子彈與它的比值就是這種子彈的 BC 值。BC 值越高，彈丸飛行的阻力越小，線性也就越理想。其中，G1 系列[9]是彈道係數中最常用、最基本的一個系列。

　　一般來說，BC 的準確值由「實驗 + 推算」獲得，計算很簡單，但一定要對公式瞭若指掌，如下所示：

$$BC = \frac{d}{8000 \times \ln\left(\frac{V_0}{V_d}\right)}$$

式中，d 為水準距離；$\ln$ 為自然對數；V_0 為初速度；V_d 為距離 d 處的速度。

　　但是，彈道係數並不是一成不變的，在不同的氣溫氣壓下要做出相應的修正[10]，根據氣溫、氣壓修正後的 BC 公式為 $BC_C = T_C \times P_C \times BC$，即修正後的彈道係數 = 溫度修正係數 × 氣壓修正係數 × G1 彈道係數。

　　需要注意的是，G1 彈道係數的運用還必須遵循一定的標準。例如，標準氣象條件是「氣壓 1bar（100000Pa）」、「標準氣溫 59°F（15℃）」、「相對濕度 78%」，溫度修正係數（實地氣溫 +273.15℃）/（標準氣溫 15℃ +273.15℃）和氣壓修正係數 PC= 標準氣壓 / 實

9　G1 系列：在北美使用最廣泛的一個系列。如果沒有特殊說明，彈道係數都是指 G1 系列。彈藥製造商所提供的也是 G1 係數居多，部分遠端狙擊彈會使用 G7 係數。

10　修正：調整十字線的位置，使十字線中心與子彈命中點重合。瞄準鏡的調整手輪有刻度，刻度的單位是 MOA，1MOA 約等於 100 碼外 1 英寸高的夾角。1°=60MOA，一個 360° 的圓周 =21600MOA。

11 M24 狙擊步槍：口徑 7.62mm×51mm NATO，發射 M118LR 遠端彈，彈頭重 11.34g，初速度為 798m/s，最大射程為 3915m，對應的槍口仰角為 20°01'59"，彈頭飛行時間為 21.11s。

12 M40 狙擊步槍：雷明頓 700 步槍的衍生型之一。1966 年，越戰開始裝備美國海軍陸戰隊，也是美軍的制式狙擊步槍。M40 有三種改進型，1977 年的 M40A1、1980 年的 M40A1 及 2001 年的 M40A3。

地氣壓。

具體舉個例子，M24 狙擊步槍 [11] 和 M40 狙擊步槍 [12] 使用的 M118LR 遠端彈，其測定的 G1 係數是 0.496。如果在 5℃，氣壓 690mmHg 的環境下使用，則修正後的彈道係數為：

$$T_C = \frac{5℃ + 273.15℃}{15℃ + 273.15℃} \approx 0.965$$

$$P_C = \frac{750mmHg}{690mmHg} \approx 1.087$$

$$\mathrm{BC}_C = T_C \times P_C \times BC = 0.965 \times 1.087 \times 0.496 \approx 0.520$$

儘管 0.496 和 0.520 僅僅相差 0.024，看似微不足道，卻能夠直接左右生死。

晉朝的郭璞在《葬書》中言：「微妙在智，觸類而長，玄通陰了，巧奪造化。」自 1881 年，德國克魯伯公司致力於研究這「糖衣砲彈」裡的「獨門暗器」後，掌握了彈道係數的射手就猶如通曉了子彈的玄機。

雖然扳動槍械的手指可能只用了 0.5s，但撬動的是人類一百多年的科學結晶。

冷兵器時代的終結者

16 世紀，燧發槍的出現大大簡化了射擊過程，提高了發火率和射擊精度，熱兵器時代終於來臨。在很多人看來，槍械帶來的是更迅捷的殺戮，是科學技術的負面典型。但如果細細思量，槍械實則在為現代文明保駕護航。

自舊石器時代，人類發現和使用火之後，從此開啟了冷兵器時代。波斯人征服埃及，羅馬人征服古希臘，多少燦爛文明毀於一旦，就連人類歷史上最偉大的科學家阿基米德都慘死於一個無知蠻橫的羅馬士兵之手。這可不是單一民族的個體損失，而是全人類的集體損失。直到工業革命時期，槍砲的使用終結了這一切。槍械中所蘊含的科技力量，徹底改變了冷兵器時代的戰爭模式。野蠻武力不再具有威懾力，決定戰爭勝負的是科技實力。

槍械面前人人平等

以美國為例，美國人使用槍的歷史比美國建國還要早。早在殖民地時期，槍械就是新大陸移民必不可少的裝備。

自 16 世紀起，從歐洲漂洋過海來到北美的移民們不僅要抵禦野獸，還要和印第安人對抗。同時，殖民地居民來自歐洲的不同地區，宗教信仰各異，也不時爆發衝突，加之歐洲列強為爭奪地盤相互廝殺，整個北美雞犬不寧。為亂世求存，槍械成了保障人身安全的必需品，普通民眾即使面對最強壯的盜匪時也能有平等對抗的底氣。

這種必需品觀念一直延續至今，美國權利法案的第二條明確規定：「組織良好的民兵隊伍，對於一個自由國家的安全是必需的，人民擁有和攜帶武器的權利不可侵犯。」因此，現在我們還會看到類似「一名亞裔女子揮槍獨戰三名持槍劫匪」這樣的新聞，當一名文弱女子不幸遭遇三名彪悍歹徒搶劫，報警無法得到及時援助時，槍無疑是弱者抵抗暴力的最有力武器。

除了與人對抗外，對於地廣人稀的美國西部農場的農場主而言，槍械還有別的用處。美國廣袤的土地已為畜牧業提供了基礎，發達的現代化農業科技也減少了農業生產過程中對於人力的依賴。所以，美國西部農場主面臨的最大問題並不是土地和人力，而是狼群。這些狼群常會在夜深人靜時襲擊牧場中的牛羊，為了在人跡罕至的草原上保護自己的利益，槍械就是他們必備的裝備，畢竟美國警官常遠水救不了近火。於是，夜幕降臨時，美國西部農場主們常會回到自己瞭望牧場的高臺上，準備好高倍鏡、夜視儀，以及一把狙擊步槍，然後開始等待狼群的出沒。

為保障人民持槍的自由，使弱者具備自衛的能力，美國同時也付出了慘痛代價——犯罪率一直居高不下，惡性案件層出不窮。畢竟，面對那些瘋狂的非理性持槍者，誰又能控制住他們手中的扳機？這不是一個技術難題，而是一個哲學難題。這不僅是美國的問題，也是一個世界性難題。

「槍口抬高 3cm」合理嗎？

有一個故事廣為流傳，至今仍為人們津津樂道：1992 年德國統一之後，曾經守護柏林圍牆、向翻牆民眾開槍的衛兵因格‧亨利奇受到了審判。在柏林圍牆倒塌前，他射殺了一名為了自由企圖翻牆而過的青年格弗羅伊。

亨利奇的律師辯護稱，衛兵僅僅是執行命令，別無選擇，罪不在己。然而法官希歐多爾‧賽德爾不這麼認為：「作為員警，不執行命令是有罪的，但打不準是無罪的。作為一個心智健全的人，此時此刻你有把槍口抬高 3cm 的主權，這是你應主動承擔的良心義務。這個世界在法律之外，還有良知。當法律和良知衝突時，良知是最高的行為準則，而不是法律。尊重生命是一個放之四海而皆準的原則。」最終，衛兵因格‧亨利奇因蓄意射殺格弗羅伊被判三年半徒刑，且不予保釋。

這個故事雖然聽起來大快人心，但我們單從技術角度來談談這種操作是否合理。如果槍口抬高 3cm，可能確實不會直接擊穿決定生死的腦幹，而是擊中腦前額葉。腦前額葉這個區域的功能和邏輯思維十分密切，人的高級思維活動基本集中在這裡。也就是說，腦前額葉受損，人的思維能力會喪失。所以，如果子彈沒有擊中致命處，帶來的痛苦比直接死亡要可怕得多。

結語
遠離槍械，珍愛生命

讓我們回到故事開頭，當黑洞洞的槍口抵著自己太陽穴時，雖然槍裡的那顆子彈在告訴你，如果由它來主宰你的命運，你會很輕鬆地度過最後的時刻。但是我們必須指出：世上爆頭倖存者的案例記錄並非寥寥可數，生還者大多痛苦餘生。

所以，「飲彈止渴」並非明智的選擇，還是緊緊抓住時間的尾巴，珍愛生命！

18

虎克定律：機械錶的心臟

$$F = -kx$$

方寸之間內的「錶裡乾坤」，自有天地。

論精確，機械錶遠不如電子錶，號稱錶中貴族的勞力士也存在 ±2s 的平均日差。然而，一隻雙追針萬年曆的機械錶可以拍下 295 萬歐元的天價，足以在瑞士中心區買下一套中等大小的房。

為什麼會有這樣的事情發生？它後面的商業邏輯是什麼？因為，機械錶具有極高的收藏價值，每塊機械錶都是工業時代的智慧結晶。當你把它放到耳邊滴答滴答，擒縱機構在清晰可聞地工作，那是時間流逝的聲音，也是工業時代的迴響。透過背透，齒輪精密地咬合、轉動，晝夜不停，充盈著一種極致的美感，那是時間流逝的模樣。

不到 0.007m² 的空間，有 20 種複雜結構、1366 個機芯元件和 214 個錶殼零件。機械錶的小小宇宙中暗藏著百年智慧，精密程度超越人類的想像。短短數百年的機械錶歷史，人類一直對機械的協調與完美進行無限追求。齒輪間的聯動，銅鐵上閃耀的光澤，勢能與動能的轉換，機械在工人手中玩轉自如，革命的火種在燃燒……

錶的沉浮
工業革命的縮影

中國有一個傳統相聲名為《誇住宅》，裡面有一串臺詞：

「你爸爸戴錶上譜，腰裡繫個褡包從左邊戴起：要帶浪琴[1]、歐美咖（OMEGA）[2]、愛爾近[3]、埋個那、金殼套、銀殼套、銅殼套、鐵殼套、金三針、銀三針、烏利文、亨得利、人頭狗、把兒上弦、雙卡子、單卡子、有威、利威、播威、博地。」從牌子到材質，基本都是鐘錶圈的行話。

相聲源於清末民初，鴉片戰爭的砲火轟開了清政府閉關鎖國的大門，通商口岸的開放使西方工業革命的果實進入中國，懷錶也在那時成了國人的奢侈品之一。

從古巴比倫王國的日晷[4]到 14 世紀歐洲的鐘樓，再到 15 世紀德、法相繼出現發條鐘，義大利人發現了擺鐘[5]原理。直到 18

1　浪琴：鐘錶品牌，於 1832 年在瑞士索伊米亞創立，世界錦標賽的計時器及國際聯合會的合作夥伴。浪琴表世家以飛翼沙漏為徽標，業務遍布全球多個國家。

2　歐美咖：又名歐米茄，瑞士著名鐘錶製造商，英文名 OMEGA，以希臘字母 Ω 命名，由路易士‧勃蘭特（Louis Brandt）創始於 1848 年。

3　愛爾近：埃爾金手錶，創立於 1864 年的美國，本為國際手錶公司，在第二次世界大戰期間改行做戰備產品，之後此品牌出售給中國一個鐘錶商，1964 年後再沒有消息。

世紀的工業革命，機械錶開始在西方盛行。

　　這塊現在看來並不顯眼的手錶，卻與偉大的工業革命有著千絲萬縷的聯繫，推動那場爆發於棉紡織業的工業革命的底層工人，不少都曾是鐘錶匠。例如，發明了半自動「飛梭[6]」的鐘錶工人約翰・凱伊，要知道「飛梭」可是催生出了珍妮紡織機，後者直接被稱為第一次工業革命的開端。還有發明了新型水力紡紗機的「近代工廠之父」阿克萊特，以及最為大眾熟知的蒸汽機的改良者瓦特，都曾維修過鐘錶。

　　鐘錶是世界上最精密的儀器，每一位鐘錶匠都是頂尖的工程師。從設計構思、機芯製作，到打磨拋光、鏤刻漆繪、珠寶鑲嵌，以及最後的組裝，耗時數年之久，是當時世界上最巧奪天工的技術。這樣一個貌似只需手藝活的機械錶究竟有著什麼魅力，被全世界譽為「最精密的儀器」？

　　來看看它的結構，如圖 18-1 所示。

4　日晷：本義指太陽的影子。現代的日晷指的是人類古代利用日影測得時刻的一種計時儀器。原理就是利用太陽的投影方向來測定並劃分時刻，通常由晷針（表）和晷面（帶刻度的表座）組成。

5　擺鐘：一種時鐘，發明於 1657 年，根據單擺定律製造，用擺錘控制其他機件，使鐘走得快慢均勻。一般能報點，要用發條來提供能量使其擺動。

6　飛梭：安裝在滑槽裡帶有小輪的梭子，滑槽兩端裝上彈簧，使梭子可以極快地來回穿行。飛梭於 1733 年被鐘錶匠約翰・凱伊（John Kay）發明，大大提高了織布效率，也刺激了對棉紗的需求。

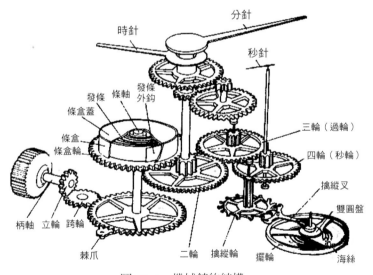

圖 18-1　機械錶的結構

　　我們現在所說的機械錶，通常指的是腕表。腕表不是一開始就有的，而是經過了漫長的時間演化。但無論哪種，結構都大同小異，總體上可劃分為五大系。

　　（1）指針系：由秒針、分針、時針組成。

　　（2）上條撥針系：由使用手錶的人通過錶殼外側的柄頭部件

18
虎克定律：機械錶的心臟

237

來實現手工捲緊發條，將外力傳遞給原動機構。發條上緊，產生勢能，使機械手錶的轉動有了動力。

（3）原動系：由條盒輪、條軸、發條等原件組成，是手錶工作的能源部分。原動系補充整個機構的阻力消耗，推動各齒輪的轉動，其中發條帶動擺輪不斷擺動。

（4）傳動系：由中心輪、過輪、秒輪等組成，是將發動力傳動至擒縱輪的一組傳動齒輪，將原動系的力矩傳動給擒縱調速系，並帶動指針系。

（5）擒縱調速系：由擒縱機構和調速機構（振動系統）兩部分組成。擒縱機構由擒縱輪、擒縱叉、雙圓盤等部件組成。調速機構包括擺輪部件、游絲部系、快慢針和活動外樁等部件。

一塊機械錶，五大系統，足以看出工作量之浩大、做工之複雜。很難想像人們是如何在漫長的鐘錶演變中發明出各種各樣的擒縱機構和調速機構，醞釀出一場震驚後人的技術革命的。18 世紀，在最早燃起革命之火的英國，工業發展速度最快，機械錶產量達每年 20 萬隻，約占歐洲機械錶總產量的一半。到了 19 世紀，隨著勞動生產率的提高，技術進步與精密分工使鐘錶零件逐步標準化，製錶業更是成了工業翹楚。一塊錶的沉浮，也就是一場工業革命的縮影。

一擒一縱機械錶之運行

「滴答滴答」，我們或許都聽過鐘錶的這種聲音。

這聲音來自機械錶中的擒縱機構。那是擒縱機構「鎖定」齒輪時，齒輪突然停止時發出的聲音，鎖定與釋放，一擒一縱，為機械錶注入了運行的靈魂。擒縱機構是機械鐘錶中傳遞能量的開關裝置，介於傳動系（二輪到四輪）和調速機構（擺輪與游絲）之間，和調速機構一起構成了「五大系」之一的擒縱調速系。

「五大系」有條不紊地運作，形成了由發條（原動系）→二輪（中心輪）→三輪（過輪）→四輪（秒輪）→擒縱輪→馬仔[7]（擒

7　馬仔：鐘錶行業用語，指機械錶中的擒縱叉，用於擺輪和擒縱輪之間，主要用於控制機械錶中秒針走動。

縱叉）→擺輪，然後擺輪的反作用力將馬仔彈回原位的一種簡諧運動[8]，原理如圖 18-2 所示。

8　簡諧運動：又稱簡諧振動，簡諧運動是最基本也最簡單的機械振動。當某物體進行簡諧運動時，物體所受的力與位移成正比，並且總是指向平衡位置。它是一種由自身系統性質決定的週期性運動。

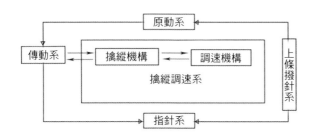

圖 18-2 機械錶的工作原理

「五大系」中，擒縱機構所在的擒縱調速系就是機械錶的核心。從字面上就很好理解它在機械錶中所扮演的角色，「一擒，一縱；一收，一放；一開，一關」。

一擒，將主傳動的運動鎖定（擒住），此時，鐘錶的主傳動鏈是鎖定的。一縱，以振盪系統的一部分勢能開啟（放開）主傳動鏈運動，同時從主傳動鏈中取回一定的能量以維持振盪系統的工作。

擒縱機構由擒縱輪、擒縱叉、雙圓盤等部件組成，擒縱輪帶動擒縱叉一擒一縱，鎖接、傳沖、釋放、跌落、牽引，一系列動作如行雲流水，一氣呵成。它們再將動力傳輸給擺輪，由擺輪完成時間的分配，達到調速的作用，如圖 18-3 所示。

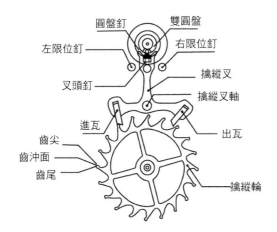

圖 18-3 叉瓦式擒縱機構

一收一放，動作簡單，卻是機械錶的靈魂。

究其原因，還有兩個至關重要的作用也不容忽視：第一，擒縱機構將原動系統提供的能量定期傳遞給擺輪游絲系統，來維持該系統不衰減地振動；第二，擒縱機構把擺輪游絲系統的振動次數傳遞給指示裝置，來達到計時的目的。因此，擒縱機構的好與壞，直接關係到一塊機械錶會不會罷工、所示時間是否有誤。

工業革命開始後，在 18、19 兩個世紀的機械錶「黃金時代」裡，單單就擒縱機構形式的設計發明就達到三百多種。

虎克定律
游絲裡的時間秘密

如果說，擒縱調速系是鐘錶內的心臟，掌控著機芯整體的運作，那麼，游絲與擺輪構成的調速機構就是心臟裡的心肌，有節律地運動著。它是時間運行的守護者，通過規律性的振盪來保證機械錶的時間精度。

從運動學上來說，機械錶就是通過減速齒輪系把擺輪游絲的週期振動轉化為錶針的週期轉動，如圖 18-4 所示。擺輪與游絲形影不離，擺輪上連接的游絲帶動擺輪進行往返運動，將時間切割為完全相同的等分，兩者協力，是機械錶的「第一負責人」。

圖 18-4 機械錶擺輪游絲

擺輪是由擺軸、擺輪外沿、擺梁、擺釘、游絲、雙圓盤、圓盤釘組成的。游絲是一種很細的彈簧，通常以鋼作為材質，盤繞

在擺輪周圍。游絲部件由游絲、內樁、外樁組成，其有效長度的變化決定了擺輪的慣性力矩與振幅週期。

　　1582 年，伽利略發現了擺的等時性原理[9]，奠定了計時學的理論基礎。荷蘭物理學家惠更斯應用這一原理製成了世界上第一隻擺鐘，又首先成功在鐘上採用了擺輪游絲，如圖 18-5 所示。把擺和擺輪游絲組成的振盪系統的頻率作為時間基準並用於鐘錶，這兩項重大發明使鐘的走時精度大大提高，鐘的外形尺寸也因此可以縮小。那時，懷錶才開始在西方流行起來。

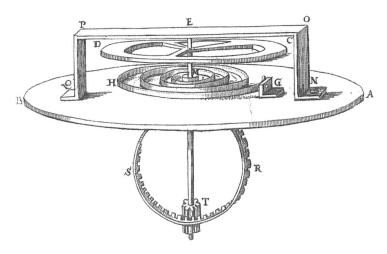

圖 18-5 惠更斯設計的游絲擺輪

　　不過，關於游絲這一掌握著機械錶生命的零件，還有個不得不說的幕後英雄 —— 虎克。大部分人肯定見過下面這一公式：

$$F = -kx$$

　　虎克定律是力學彈性理論中的一條基本定律，表述為：固體材料受力之後，材料中的應力與應變（單位變形量）之間呈線性關係。或者，我們也可以稱其為彈簧定律。

　　其中，k 是常數，是物體的勁度係數（彈性係數），只由材料的性質所決定，單位是 N/m。x 是彈性形變，指固體受外力作用而使各點間相對位置的改變程度。在外力的作用下物體發生形變，當外力撤銷後物體能恢復原狀，這樣的形變就稱為彈性形變，單位是 m。

虎克定律是力學彈性中的一條基本定律，它指出彈性係數在數值上等於彈簧伸長（或縮短）單位長度時的彈力，負號表示彈簧所產生的彈力與其伸長（或壓縮）的方向相反。

游絲是由一圈金屬絲按照阿基米德螺線[10]（也稱等速螺線，如圖18-6所示）所製成的一種細彈簧。當機芯開始正常工作時，游絲就開始進行擴大與收縮運動，通過游絲的收緊與擴張，可以形成一個彈力的回轉，這樣就可以令擺輪不斷擺動。

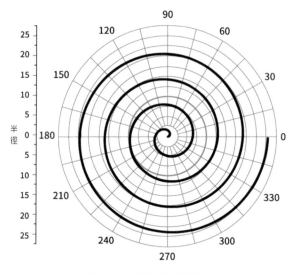

圖 18-6 阿基米德螺線

可能是虎克太忙了，他為彈簧做了大量研究，也早就有了游絲的想法，可惜遲遲未製成實物，結果被惠更斯搶了先，後者成了官方承認的發明人。不過，雖然錯失發明權，但虎克定律的光彩依舊沒有被掩蓋，人類在此基礎上更科學地理解了游絲，也更好地理解了伽利略的等時性原理。在線性回復力的作用下，物體往復運動的週期是恆定的。

這也開啟了機械錶的科學製錶時代，錶的走時精度有了質的保證。

精度是機械錶的生命

通過虎克定律對彈簧游絲的解密，每一常規機械錶的調速機構——擺輪游絲，都可以看成圓周轉動形式的彈簧振子，其振動週期與擺輪轉動慣量[11]（取決於轉動半徑、質量大小）、游絲的彈性係數（取決於游絲材質、粗細、長短）形成了一組數學關係，公式如下：

$$T = 2\pi\sqrt{\frac{1}{k}}$$

其中，k 為游絲彈性係數，即虎克定律裡的彈性係數。手錶中大多為平游絲，游絲的材料、長度、厚度、剛度及游絲的框距都直接影響到手錶的走時品質。

I 為轉動慣量，又滿足於下面公式：

$$I = \sum_i m_i r_i^2$$

式中，m 為轉動物體的質量；r 為轉動物體離中心的距離。

根據伽利略的等時性原理發現，擺的週期與擺幅無關，一旦縮短擺線的長度，振頻（擺頻）將加快，週期將減小。在一塊經典的機械錶中，整個機芯的運轉、走時快慢都以擒縱調速系的頻率為準，歸根結柢，其實是以擺輪游絲的頻率為準。振頻是擺輪每一小時擺動的次數，理論上來說，振頻越高，錶的精準度越高，抗干擾性越好。

倘若振頻是 8000 次 /h，相當於將一小時等分成 18000 段，每秒鐘 5 段。做個假設：如果機芯運轉不穩定，擺輪在 1 小時內少運動了 5 次，那麼一小時就會產生 1s 誤差；如果是擺頻 36000 次的機芯，那一小時只會有 0.5s 的誤差。

因此，客觀上來說，振動頻率的重要性也就不言而喻。

而要調校手錶快慢、走時誤差，重點也就落在了掌握著時間秘密的 I 和 k 上，因為擺頻這一客觀條件，還得受限於這些因素：即游絲材質、粗細、長短，以及擺輪質量、溫度等。

從鐵鎳鈷合金游絲到 Invar[12] 合金游絲，再到勞力士的 Parachrom[13] 順磁性游絲，再到後來的矽質游絲，隨著技術的進步，

11 轉動慣量：剛體繞軸轉動時慣性（回轉物體保持其勻速圓周運動或靜止的特性）的量度。

12 Invar：因瓦合金，它的熱膨脹係數極低，能在很寬的溫度範圍內保持固定長度。

13 Parachrom：勞力士藍色 Parachrom 游絲以其獨特的順磁性合金製造，能不受磁場影響，抗震能力比一般游絲強 10 倍。

擺輪游絲的選擇不斷多樣化,機械錶的品質也與日俱增。甚至在 18 世紀工業革命初期,還出現了機械錶製造工藝中的最高水準代表──陀飛輪[14]。

結語
世界是一個大的鐘錶

在一個屬於蒸汽與機械動力的時代,機械解放了生產力,人類開始思考著改造世界,將機械力量運用到了極致。這份極致就藏在機械錶中,它以高超的工藝成為那個時代的象徵。後來,這份原始的機械力量在工業時代中改頭換面,在「石英革命」席捲而來的巨大衝擊中跌落塵埃,最後又浴火重生,以頑強的生命力再次令無數人沉迷於它的機械之美。

近代哲學之父笛卡兒是機械錶技術的熱中者,他曾毫不掩飾地認為物質世界以機器的方式運作著,一個由齒輪所組成、能夠報時的鐘錶,與一棵由種子長成、能夠結出果實的樹,在本質上沒有什麼區別,整個宇宙可以假定為一個巨大的機械鐘錶,科學就是去發現隱藏其中的細節。這個伴隨著近代自然科學而出現的哲學理論,啟蒙了工業時代的人類,使他們逐漸脫離以往的蒙昧無知,進入一個全新的科學世界。

19

混沌理論：一隻蝴蝶引發的思考

$$\frac{dv}{dt} = A(\mu)v + G(v)$$

混沌，才是這個世界的本質。

傳聞這世間存在一隻妖，它神通廣大，善推演，無所不知。只要它願意動動手指，記錄下某一刻宇宙中每個原子確切的位置和動量，就能根據牛頓定律，瞬間算出宇宙的過去與未來。這就是大名鼎鼎的拉普拉斯妖。這只妖是宏觀經典力學的守護者，也是牛頓理論的信仰者。對於它來說，過去和未來盡在它的掌控之中，沒有什麼是不確定的，一切都可以通過現在的狀態計算得知。

然而，這樣一隻科學神獸，很快就被熱力學和量子力學聯合「掐死」在西敏寺牛頓的墳墓前，而主刀的劊子手有個美麗的名字，叫作蝴蝶效應。

蝴蝶效應差之毫釐，謬以千里

根據經典力學，我們能精確預言哈雷彗星每 76 年回歸地球一次，那麼，對於未來的天氣預報，我們是否也能精準預測呢？

1961 年之前，美國氣象學家勞倫茲認為自己一定能找到一個精準預測天氣變化的數學模型。為此，他每日都待在電腦房，用那台占滿整間實驗室的龐然大物模擬著影響氣象的大氣流。這一過程耗時數月，並且順利輸出了一系列的資料。但為了確認計算結果的精準，勞倫茲決定再算一遍。不過這次他在計算過程中偷了個小懶，在輸入中間一個資料時，將原來的 0.506127 省略為 0.506。沒想到這初始值的微小差別，最終卻使得計算結果相差萬里，如圖 19-1 所示。

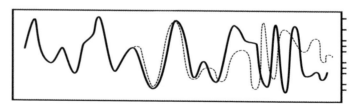

圖 19-1 勞倫茲的兩次計算結果

實線和虛線分別代表了勞倫茲的兩次計算過程。如果初始值稍稍變化，結果就會大相徑庭。一個晴空萬里，一個電閃雷鳴，那這

樣的預報還有實際意義嗎？對此，勞倫茲感到挫敗不已。畢竟根據經典理論，初始值偏離一點點，結果也只會偏離一點點。由此，科學家才可以提前相當長的時間預測極複雜的系統的行為。這一點，是拉普拉斯妖決定論的理論基礎，也是勞倫茲夢想進行長期天氣預報的根據。

為了走出困境，勞倫茲決定深入研究他的微分方程組解的穩定性，也正是這個方程組，在後來成了歷史上第一次讓科學家從中認識到混沌可能性的動態體系：

$$\begin{cases} \dfrac{\mathrm{d}x}{\mathrm{d}t} = -10x + 10y \\[2mm] \dfrac{\mathrm{d}y}{\mathrm{d}t} = \mu x - y - xz \\[2mm] \dfrac{\mathrm{d}z}{\mathrm{d}t} = -\dfrac{8}{3}z + xy \end{cases}$$

這是一個不能用解析方法求解的非線性方程組，是勞倫茲以非凡的抽象能力將氣象預報模型裡的上百個參數和方程，簡化成一個僅有三個變數和時間的係數的微分方程組。

方程組中的 x、y、z 並非運動粒子在三維空間的座標，而是三個變數。這三個變數由氣象預報中的諸多物理量，如流速、溫度、壓力等簡化而來。其中，μ 在流體力學中稱為瑞利數[1]，與流體的浮力及黏度等性質有關。當 $\mu=28$ 時，利用電腦對變數 x、y、z 進行迭代，模擬出來的三維圖形就宛若一隻展翅欲飛的蝴蝶，如圖 19-2 所示，這便是蝴蝶效應的由來。

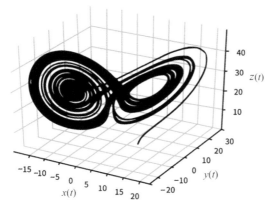

圖 19-2 勞倫茲方程組三維模擬圖

1 瑞利數：格拉曉夫數和普朗特數的乘積，其中格拉曉夫數描述了流體的浮力和黏度之間的關係，普朗特數描述了動量擴散係數和熱擴散係數之間的關係。因此，瑞利數本身也被視為浮力和黏性力之比與動量和熱擴散係數之比的乘積。

為什麼模擬系統最終會出現這樣一幅奇妙而複雜的「勞倫茲吸引子[2]」圖？正常來說，大部分系統的「最後歸屬」，即吸引子的形狀，可歸納為如圖 19-3 所示的三種經典吸引子。

例如，任何一個鐘擺，如果不給它不斷補充能量，最終都會由於摩擦和阻力而停止下來。也就是說，鐘擺系統的最後狀態會是相空間中的一個點。

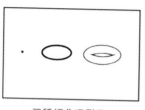

三種經典吸引子　　　　　　　　奇異吸引子

19-3 勞倫茲吸引子

有趣的是，勞倫茲系統的吸引子卻無法歸類到任何一種經典吸引子，只能被稱為奇異吸引子[3]。經典吸引子對初始值都是穩定的，奇異吸引子表現出對初始值的敏感性，即初始狀態接近的軌跡之間的距離隨著時間的增長而指數增長。

看著這個圖形，勞倫茲愈發覺得這個系統的長期行為十分有趣。

在這個三維空間的雙重繞圖裡，軌線看起來是在繞著兩個中心點轉圈，但又不是真正在轉圈，因為它們雖然被限制在兩翼邊界之內，但絕不與自身相交。這意味著系統的狀態永不重複，是非週期性的。也就是說，這個具有確定係數、確定方程、確定初始值的系統的解，其外表呈現出規則而有序的兩翼蝴蝶形態，內在卻包含了隨機而無序的混沌過程的複雜結構。

當時，史上最偉大的氣象員勞倫茲準確地將此現象表述為「確定性非週期流」，並由此斷言：準確地做出長期天氣預報是不可能的。因為氣象預報的初始條件是由極不穩定的環球大氣流所決定，這個初始條件的任何細微變化，都可能導致預報結果千差萬別。

2　勞倫茲吸引子：勞倫茲振子的長期行為對應的分形結構，以愛德華·諾頓·勞倫茲的姓氏命名。

3　奇異吸引子：反映混沌系統運動特徵的產物，也是一種混沌系統中無序穩態的運動形態。

1963 年，這篇論文被發表在《大氣科學》雜誌，勞倫茲形象化地將這個結論稱為蝴蝶效應：一隻南美洲亞馬遜河流域熱帶雨林中的蝴蝶，偶爾搧動幾下翅膀，可以在兩週以後引起美國德克薩斯州的一場龍捲風。

蝴蝶搧動翅膀卻可以促使空氣系統發生變化，並產生微弱的氣流運動。而微弱氣流的產生又會引起四周空氣或其他系統產生相應的變化，由此引起一系列微妙連鎖反應，最終導致系統的變化。

混沌的一個重要特徵：系統的長期行為對初始條件的敏感依賴性，初值的微小差別會導致未來的混沌軌道的巨大差別。正如中國古人的智慧所言：「失之毫釐，謬以千里。」此後，勞倫茲也因此被譽為「混沌理論之父」。

非線性系統主導的混沌世界

蝴蝶效應作為典型的混沌系統，在我們的生活中隨處可見。全球氣候會在短時間內巨幅變動，股票市場可以毫無預警地崩潰，人類可能一夜之間在地球上滅絕……我們對此無能為力。

究竟是什麼樣的系統會出現混沌現象？混沌其實是非線性系統[4]在一定條件下的一種狀態，而事實上，幾乎自然界的所有系統都是非線性系統，在一定條件下都會產生混沌現象。

這種現象起因於物體不斷以某種規則複製前一階段的運動狀態，而產生無法預測的隨機效果。混沌過程是一個確定性過程，但很多過程串聯起來又是無序的、隨機的。

我們以蝴蝶效應的方程為例，令 $\vec{v}$ 表示三維向量，$\vec{v}=(x,y,z)$，那麼我們可以把這個方程分解成線形和非線性兩個部分：

$$\frac{\mathrm{d}v}{\mathrm{d}t}=A(\mu)\vec{v}+G(\vec{v})$$

其中，$A=\begin{bmatrix} -10 & 10 & 0 \\ \mu & -1 & 0 \\ 0 & 0 & -\frac{8}{3} \end{bmatrix}$，$G(\vec{v})=(0,-xz,xy)$

4　非線性系統：一個系統如果輸出與輸入不成正比，那麼它就是非線性的。從數學上看，非線性系統的特徵是疊加原理不再成立。疊加原理是指描述系統的方程的兩個解之和仍為解。疊加原理可以通過兩種方式失效：其一，方程本身是非線性的；其二，方程本身雖然是線性的，但邊界是未知的或運動的。

5 收斂：此為經濟學、數學名詞，是研究函數的一個重要工具，是指會聚於一點，向某一值靠近。

6 特徵值：線性代數中的一個重要概念。設 A 是 n 階方陣，如果存在數 m 和非零 n 維列向量 x，使 Ax=mx 成立，則稱 m 是 A 的一個特徵值或本征值。

7 分歧理論：研究在一帶參數的動力體系中平衡態隨著參數變化時，個數發生變化的現象，特別是平衡態由一個分裂為二個或多個的現象。

一個線性微分方程組（又稱線性系統）的解是否穩定，即能否得到收斂[5]解，完全依賴於矩陣 A 的特徵值[6]大小。若 A 的特徵值的實部（特徵值有可能是複數）全都小於 0，那麼這個方程一定是穩定的（至少局部穩定）。而除去矩陣 A，右邊由 xz、xy 構成的 $G(\bar{v})=(0, -xz, xy)$ 是一個非線性部分，具有非線性特性，若方程發散則變得更複雜。

混沌理論的基礎是分歧理論[7]，而分歧理論的研究中心是方程解的穩定性如何發生改變的，其數學本質是方程參數變化誘使矩陣特徵值的符號發生變化。

因此，混沌理論是一種兼具質性思考與量化分析的方法，是對不規則而又無法預測的現象及其過程的分析。動態系統中必須用整體、連續的、而不是單一的資料關係才能加以解釋和預測的行為，包括了人口移動、化學反應、氣象變化、社會行為等。

而我們的世界，恰恰就是一個由非線性系統所主導的混沌世界。在混沌理論中出現內在「隨機過程」的可能性，最終給了拉普拉斯妖以致命一擊。

海岸線究竟有多長？
找到一種描述不規則世界的法則

雲朵不是球形的，山巒不是錐形的，海岸線不是圓形的，樹皮不是光滑的，閃電也不是一條直線。組成這個世界的大多數事物都是混沌的，紛繁而複雜，其整體或局部特徵不是簡單地用傳統的歐式幾何語言就可以表述的，處處顯現著不可預測性。

當你到海邊遊玩時，你可曾想過，是否能測出海岸線的長度？其實，你永遠測不出它的長度。儘管維基百科告訴你：「中國有 32000 km 長的海岸線。」但從物理的角度來看，海岸線實際是不可測量的，最多只能說：中國海岸線「輪廓」的長度是多少千米。1940 年，英國政府就曾試圖對自己國土的海岸線長度進行測量，結果發現使用的度量尺寸越精確，得出的資料就越長，最後導致

最新資料總會跟已有的任何資料差別很大。

　　所以，我們究竟要怎樣去描述海岸線及這個世界的不規則？

　　這個問題過去了很久都沒有得到解決。直到 1967 年，本華·曼德博找到了混沌背後的法則——分形。在美國權威雜誌《科學》上，本華·曼德博發表了一篇題為「英國的海岸線到底有多長」的劃時代論文，該文標誌著分形萌芽的出現，證明了在一定意義上，任何海岸線都是無限長的，因為海灣和半島會顯露出越來越小的子海灣和子半島，如圖 19-4 所示。

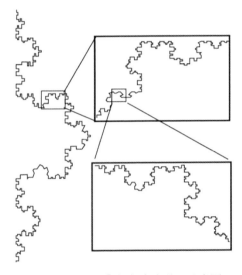

圖 19-4 曼德博「海岸線分形」示意圖

　　曼德博將這種部分與整體的某種相似稱為自相似性，它是一種特殊的跨越不同尺度的對稱性，意味著圖案之中遞迴地套著圖案。

　　事實上，具有自相似性的現象廣泛存在於自然界中，這些現象包括連綿起伏的山川，自由飄浮的雲彩，以及花椰菜、樹冠，甚至人體的大腦皮層和各種器官。這種現象最終被曼德博抽象為分形，從而建立起了有關斑痕、麻點、破碎、纏繞、扭曲的幾何學。這種幾何學的維數可以不是整數，如英國的海岸線是 1.25 維的分形，眾多山川地形的表面是 2.2 維的分形，勞倫茲吸引子的分形維數則在 2.06 左右。

更有意思的是，曼德博發現從數學上來看，分形大多數是用非線性迭代法[8]產生的，可由一個簡單的非線性迭代公式描述：

$$Z(n+1)=Z(n)^2+C。$$

式中，$Z(n+1)$ 和 $Z(n)$ 都是複變數[9]，而 C 是複參數。對於某些參數值 C，迭代會在複平面上的某幾點之間迴圈反覆；而對另一些參數值 C，迭代結果卻毫無規則可言。前一種參數值稱為吸引子，後一種所對應的現象稱為混沌，而所有吸引子構成的複平面子集則稱為曼德博集，如圖 19-5 所示。

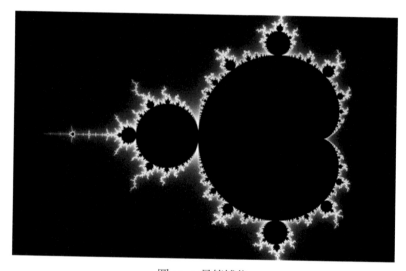

圖 19-5 曼德博集

由此，曼德博曾經留下了迄今為止最奇異、魔幻的幾何圖形——曼德博集，史稱「上帝的指紋」和「魔鬼的聚合物」。

透過它，人們驚嘆地發現許多複雜瑰麗的圖形背後，原來都是由這麼一個簡單的圖形所構成，都可由這麼一個簡單的非線性迭代公式來描述。而混沌也並非純粹的無序，其所呈現的無規行為或無秩序只是一種表面現象，若是深入它的內心，就能發現其深刻的規律性——分形。

混沌的兩面性
有序與無序的統一

我們把混沌和分形各自分開來看，前者儼如魔鬼，阻撓著人們對真理的探索，帶來混亂與挑戰；後者儼然是宇宙中的天使，為萬物奠定秩序和生機。但實際上，它們密不可分，混沌是時間上的分形，而分形是空間上的混沌。它們共同組成了我們的混沌世界，體現著這個非線性系統的兩個主要特性：初值敏感性和非規則的有序性。

南美洲亞馬遜河流域的那只蝴蝶的行為雖然充滿了隨機不確定性，但它的內心同樣遵循著秩序。美妙的勞倫茲吸引子，實際就是一個具有無窮結構的分形，它是混沌和分形的橋梁，提供了混沌從無序邁向有序的鐵證。

所以，自然界實際既有規律又無規律，混沌理論神奇地將有序與無序統一在一起，將確定性與隨機性統一在一起，深刻地為我們揭示了這個世界的本質；同時也使科學界長期對立、互不相容的兩大體系 —— 決定論和機率論之間的鴻溝正逐步消除。

二十世紀 90 年代，混沌理論開始走向應用階段。雖然我們無法對系統的長期行為進行預測，但我們完全可以利用混沌的規律對系統進行短期的行為預測，這比傳統的統計學方法有效。

如今，不管是在天氣預報、股票市場、語言研究，還是工程技術、生物醫藥、電腦等領域，我們隨處可見混沌理論的身影。例如，經濟學家就建立了各種非線性方程模型來研究經濟金融市場的各種運動，其中典型的包括了證券市場的股價指數、匯率變化等。匯率不是由簡單的確定性過程所形成，經濟學家對匯率的不規則運動建模。經濟學離不開各種假設，他們假設匯率以一種線性的方式回應決定性變數（引數）的變化來建立各種模型進行分析，這是經濟金融學中常見的線性回歸[10]分析，也是計量經濟學中的主要內容，主流的認識是匯率運動由白噪音[11]支配，潛在趨勢是存在的，並且是隨機誤差的。

假定一個完全市場化的自由股票市場，它是一個非線性動力

10 線性回歸：利用數理統計中的回歸分析來確定兩種或兩種以上變數間相互依賴的定量關係的一種統計分析方法，運用十分廣泛。

11 白噪音：也稱白雜訊，是一種功率譜密度為常數的隨機信號或隨機過程。在計量模型中，白噪音序列是零均值、常方差的穩定隨機序列。

12 肼：又稱聯氨，無色油狀液體，有著類似於氨的刺鼻氣味，是一種強極性化合物。肼長期暴露在空氣中或短時間受高溫作用會爆炸分解，具有強烈的吸水性，儲存時用氮氣保護並密封。

學系統，受到多種人為及非人為因素的影響，各因素間存在著大量的非線性相互作用。股市具有自相似性，其混沌系統出在現象、表層、形式上的無序，而在本質、深層、內容上是有序的。通過建立有關股票市場行為的非線性模型，混沌理論為理解股票市場的動態變化提供了新的方法論指導。

再如，混沌控制的最早成就之一，是僅用衛星上遺留的極少量肼[12]，使得一顆「死」衛星改變軌道，而與一顆小行星相碰撞。美國國家航空與航太管理局利用蝴蝶效應，「操縱」了這顆衛星圍繞月球旋轉五圈，每一圈用射出的少許肼將衛星輕推一下，最後實現了碰撞。

結語
世界的本質是混沌的

二十世紀初期，相對論和量子物理的發展打亂了經典力學建立的秩序。

相對論挑戰了牛頓的絕對時空觀，量子力學則質疑了微觀世界的因果律。然而，直接挑戰牛頓定律的，還要屬南美洲的這只蝴蝶。

蝴蝶扇一扇翅膀，即刻在科學界刮起了一場颶風。相比起量子力學只揭示了微觀世界的不可預測性，混沌理論在遵循牛頓定律的常規尺度下，就直指確定論系統本身也普遍具有內在的隨機性。這使得拉普拉斯妖無處遁形，最終只能倉皇逃竄。

混沌理論也由此被譽為二十世紀自然科學的重要發現。在此之後，人類進一步觸及了世界的本質 —— 混沌，開始為無常的命運把脈，並且逐步掌握大自然的一把重要金鑰。

20

凱利公式：賭場上的最大贏家

$$f = \frac{bp - q}{b} = \frac{p(b+1) - 1}{b}$$

賭徒迷信的是運氣，賭場相信的是數學。

$$f = \frac{bp - q}{b} = \frac{p(b+1) - 1}{b}$$

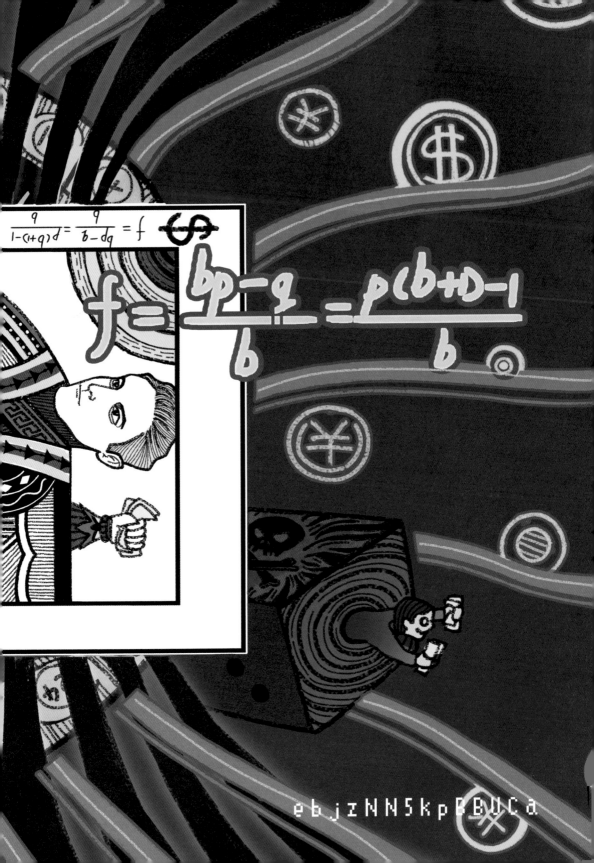

賭王何鴻燊[1]接手葡京賭場時，生意蒸蒸日上。但理性的賭王仍然忐忑，請教「賭聖」葉漢[2]：「如果這些賭客總是輸，長此以往，他們不來了怎麼辦？」葉漢笑道：「一次賭徒，一世賭徒，他們擔心的是賭場不在怎麼辦。」

葉漢說的只是心理層面，現代賭場程式方面的設計比葉漢當年要縝密得多，賭場集中了機率論、統計學的數學知識。一個普通賭徒，只要長久賭下去，最終一定會血本無歸。所謂的各種制勝絕技，除了《賭聖》電影裡的周星星，現實世界裡的周星馳都不信。

一個癡迷於發財夢的賭徒永遠不會明白，與自己對賭的不是運氣，也不是莊家，而是狄利克雷[3]、白努利、高斯、奈許、凱利這樣的數學大師，贏的機率能有多大？

1 何鴻燊：港澳企業家，有「澳門賭王」之稱。1961年，澳葡政府規定博彩業須通過專營制度實施，何鴻燊看準時機，重返澳門，與霍英東等人合作，一舉拿下賭場獨家專營權，邁出「賭王」之路的第一步。

2 葉漢：港澳地區著名企業家，有「鬼王葉」、「賭聖」之稱。1961年，他與何鴻燊、霍英東、葉德利等人成功投得澳門博彩業專營權，其後成立澳門賽馬車會，經營東方公主號賭船等。

3 狄利克雷：解析數論的創始人。

看得到的是機率，看不見的是陷阱

先說一個最簡單的賭博遊戲：拋硬幣。

規則是這樣的：正面贏反面輸，如果你贏了，可以拿走比賭注多一倍的錢；如果輸了，則會賠掉本金。你一聽可能覺得這遊戲還不錯，公平！於是你拿出了身上的100元來玩這個遊戲，每次下注5元，這樣你至少有20次的下注機會。

不過，你運氣不太好，第一把就是反面，輸了5塊錢。

生性樂觀的你覺得沒什麼，反正不管怎麼說，贏面都有50%，下一把就可以贏回來。結果，很快你就把身上的錢都輸光了。

你百思不得其解，明明是公平的50%贏面，在50%機率下至少不會虧本的，可為什麼最後會輸光？

事實上，你以為自己看到了50%的機率，把遊戲看得透徹明白，殊不知，你看到了機率，卻沒有看到背後的陷阱，一腳踏進了一個稱為「賭徒謬論」的坑裡。

你覺得遊戲是公平的，一正一反，均為50%的機率，按照大數定律來說，這是必然規律。然而，你有沒有想過，正是這種

你以為的「公平」，讓你誤解了大數定律，才陷入了「賭徒謬論」呢？

先來看看這種讓你覺得「公平」的大數定律究竟是什麼。

它是數學家雅各·白努利[4]提出的：假設 n 是 N 次獨立重複試驗[5]中事件 A 發生的次數，p 是每一次試驗中 A 發生的機率，那麼，當 N 趨於無窮時：

$$\lim_{N \to \infty} \frac{n}{N} = p$$

式中，n 為發生次數；N 為試驗總次數。

也就是說，大量重複的隨機現象裡其實隱藏著某種必然規律。還是以拋硬幣為例，當投擲次數足夠多時，出現正（反）面的頻率將逐漸接近於 $\frac{1}{2}$，可具體多少次才算是「足夠多」？才能夠把它用在個人對賭上？

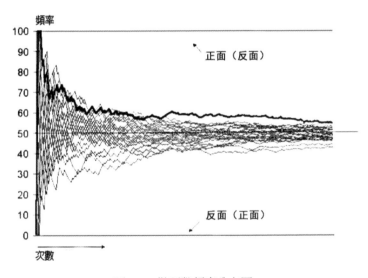

圖 20-1 拋硬幣頻率分布圖

從表面機率看，這確實是一場公平的遊戲，但這種公平是有一定條件的。

大數定律講究「大量重複的隨機現象」，只有足夠多次的試驗，才能使硬幣正反面的出現次數與總次數之比幾乎等於 $\frac{1}{2}$。可具體多少次才算是「足夠多」？才能夠把它用在個人對賭上？

4 雅各·白努利（1654–1705）：白努利家族代表人物之一，瑞士數學家，被公認的機率論的先驅之一。在數學上的貢獻涉及微積分、微分方程、無窮級數求和、解析幾何、機率論及變分法等領域。

5 獨立重複試驗：獨立是指每一次試驗的結果不會受其他試驗結果的影響，事件之間相互獨立；重複即多次試驗，而非一次試驗。當 n 次獨立試驗中，每次試驗只有兩個可能結果時，稱為 n 重白努利試驗。

沒有人知道。因為，機率論給出的答案是 —— 無窮大。

誰也不知道無窮大有多大，只知道這是一個令人仰望的數量。可拋硬幣次數越少，大數定律的身影就越模糊，可能 10 次中 5 正 5 反，也可能 9 正 1 反，也可能 10 正 0 反或 0 正 10 反……現實往往是，在還未達到「足夠多」次試驗時，你就已經輸個精光了。

你身上有 100 元結果如此，你身上有 10000 元結果也是如此，就算你身上有 100 萬元結果還是如此，因為你永遠不可能有「足夠多」的錢。

「輸贏機率為 50%」，這本身就具有很大的誤導性。在硬幣拋出之前，50% 的機率代表的是可能性；在硬幣拋出之後，50% 的機率代表的是結果的統計平均值，並不是實際分布值。

這是你對大數定律的誤解之一。

把「大數定律」當「小數定律」，覺得遊戲是無條件「公平」的，正面和反面出現的頻率都為 $\frac{1}{2}$。這種在潛意識裡被奉為圭臬的「公平」，緊接著讓你踏入了第二個誤解 ——「賭徒謬論」。

大數定律有一個明顯的潛臺詞：當隨機事件發生的次數足夠多時，發生的頻率便趨近於預期的機率。但人們常常錯誤地理解為：隨機意味著均勻。

如果過去一段時間內發生的事件不均勻，大家就會「人工」地從心理上把未來的事情「抹平」。也就是，如果輸了第一把，那下一把的贏面就會更大。這種「你下一把就可以贏回來」的強烈錯覺，就是「賭徒謬論」。當你玩遊戲連輸時，你的心底突然冒出一個神秘的聲音，激動地朝你喊：穩住，風水輪流轉，下一把你很有可能就要贏了！其實，上一把和下一把之間並沒有任何聯繫。

就好比一個笑話：在乘坐飛機時帶著一枚炸彈，就不會遇上恐怖分子了，因為同一架飛機上有兩枚炸彈的可能性是極小的。

兩者如出一轍，都把相互獨立事件[6]誤認為是互相關聯的事件。要知道，大數定律的工作機制，可不是為了刻意平衡前後的資料。在這場遊戲中，任意兩次事件之間並不會相互產生影響。

賭局是沒有記憶的，哪怕你曾經輸了多次，它也不會因此給

6 相互獨立事件：設 A、B 是兩個事件，如果滿足等式 $P(A \cap B) = P(AB) = P(A)P(B)$，則稱事件 A、B 相互獨立，簡稱 A、B 獨立。事件 B 發生或不發生對事件 A 不產生影響。

你更多勝出的機會。

只要進了賭場
你就是一個窮鬼

再來說一個簡單的賭博遊戲，還是拋硬幣，規則和前面一樣。

這一次你運氣很不錯，第一把你就贏了 100 元！可把你高興壞了！

但是和前面的個人對賭相比，這次多了一個莊家。

莊家跟你說：「你看你也贏了這麼多，我呢，辛辛苦苦搭個場子，最後什麼都沒撈著。要不這樣，你贏了，就給我留下 2% 當抽水，就算是救濟救濟老哥，給捧捧場！」

你想了下，2% 也不多，拿去吧！好了，這事就這麼定下來了。然而，你做夢都想不到的是，這小小的 2%，又一次讓你輸得傾家蕩產！你同樣百思不得其解，不過是小小的 2% 抽水[7]，毫不起眼，可為什麼在最後，它就成了莊家賺錢的利器，自己又輸光了？

天真的你，肯定不知道在賭場上有一個解不開的魔咒：賭徒破產困境。

第 1 把，贏；第 2 把，贏；第 3 把……你覺得自己被幸運女神眷顧，一身富貴命。可早在 18 世紀初，那群熱愛賭博的機率論數學家們就提出了那個讓賭徒聞風喪膽的破產噩夢：在「公平」的賭博中，任何一個擁有有限賭本的賭徒，只要長期賭下去，必然有一天會輸個精光。

我們來看看，為什麼那麼多長期賭徒都輸成了窮光蛋？錢都到哪去了？

假如你的小金庫是 r，你帶著小金庫和莊家開始了一場追逐多巴胺刺激的賭博遊戲，打算贏得 s 後就離開，每一局你贏得籌碼的機率為 p，那你輸光小金庫的機率有多大呢？

我們可以在瑪律科夫鏈[8]、二項分布[9]、遞推公式等的助攻下，列出一組組粗暴的、令人頭皮發麻的函數，但也許它們都不如一張二維模擬圖來得直白，如圖 20-2 所示。

7 抽水：賭博用語，粵語（白話）中的「水」有表示錢的意思。《廣州方言詞典》中「抽水」的條目是指抽頭，打牌時，勝者抽些錢出來請客；又指賭徒聚賭時抽錢給賭頭。

8 瑪律科夫鏈：機率論和數理統計中具有瑪律科夫性質且存在於離散的指標集和狀態空間內的隨機過程，可以通過轉移矩陣和轉移圖定義。

9 二項分布：n 個獨立的是／非試驗（白努利試驗）中成功次數的離散機率分布，其中每次試驗的成功機率為 p。當試驗次數為 1 時，二項分布服從 0-1 分布。

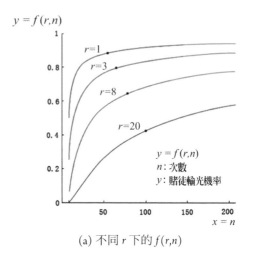

(a) 不同 r 下的 $f(r,n)$

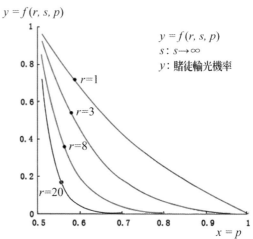

(b) 不同 r 下的 $f(r,s,p)$

圖 20-2 賭徒破產定理模擬圖

　　把不同 r 對應的 $f(r,n)$ 和 $f(r,s,p)$ 放到同一個圖中進行比較，它形象地揭示了賭徒輸光定理的含義：所謂的「公平」賭博，其實並不公平。

　　在 $f(r,n)$ 中，隨著次數 n 的增加，賭徒輸光的機率會逐漸增加並趨近於 1，並且 r 越小，這種趨勢越明顯。這說明在「公平」賭博的情況下，擁有更少籌碼的賭徒會更容易破產。

　　而在 $f(r,s,p)$ 中，圖 20-2（b）則冷峻而無情地告訴我們：如果希望輸光的機率比較小，那麼需要每次的贏面 p 足夠大或者是手裡的籌碼 r 足夠多。

可面前有一位存在感極強的莊家，你真能從他那裡虎口奪食，在贏面和籌碼中賭一把嗎？

答案，顯然是難乎其難的。

第一，沒有一個賭場會讓你的贏面超過 50%。想要每一次的贏面足夠大，除非莊家為你作弊，不隨機，故意讓你贏。

第二，莊家不是賭徒。莊家的背後是賭場，也就意味著莊家相比於你，擁有「無限財富」。你的小金庫永遠比不過莊家的賭場錢莊，這也意味著，你比莊家更容易山窮水盡。

當然，也許你可以一擲千金，但賭場設置了最大投注額，這並不是他們好心，想保護你免遭破產，他們只是為了自保才設計了一道安全屏障，來抵抗「無限財富」帶來的破產威脅。畢竟萬一哪天比爾·蓋茲去賭場了，一次性砸個幾百億元進去，如果贏了，那賭場老闆恐怕真的要哭了。

第三，莊家是「抽水」收入。忘了拋硬幣遊戲中那毫不起眼的 2% 了嗎？賭徒贏錢後，莊家會從賭徒手中抽取一定比例的流水傭金。這樣一來，即使你有一個小金庫足以和莊家慢慢磨，打一場持久戰，但贏得越多，為莊家送去的「抽水」越多。長此以往，你還是輸了，錢都進了莊家的口袋。最終，莊家賺的錢只與賭徒下注的大小有關。

這世上，天才終究是少數，而「賭神」、「賭王」之所以成為普通賭徒難以望其項背的存在，不僅因為他們深諳賭徒心理，也不僅因為他們懂賭場規則，還因為他們懂得該下注多少。

凱利公式
先告訴你怎麼下注

在賭場老闆的眼裡，世界上或許只有兩種人：一種現在是窮鬼，另一種未來是窮鬼。

不過，賭場老闆也會有所忌憚，特別是遇到善用數學博弈的高手時。

凱利公式在高級賭徒的世界裡大名鼎鼎，是頂級高手常用的

數學利器。那什麼是凱利公式？我們先看一個例子。

一個 1 賠 2（不包括本金）的簡單賭局，拋硬幣下注，假設賭注為 1 元，硬幣如果為正面則淨贏 2 元，如果為反面則輸掉 1 元。現在你的總資產為 100 元，每次押注都可投入任意金額。

你會怎麼賭呢？已知拋硬幣後出現正反面的機率都為 50%，賠率是 1 賠 2（不包括本金），那麼你只要不斷地下注，再拋開不公平因素的干擾，幾乎就能賺。因為拋硬幣次數越多，其正反面出現機率就越會穩定在 50%，收益 2 倍，損失卻只是 1 倍，從數學上來說這是穩賺不賠的賭局。

但實際情況可能會有偏差。

如果你是冒險主義者，你可能會想，要玩就玩大的，一次性把 100 元全押上！幸運的話，一次正面就可以獲得 200 元，又是一段值得炫耀的賭史；可是，如果輸了，得把 100 元資產拱手獻給對方，你就一無所有。好不容易來一趟拉斯維加斯，這肯定不是明策。

如果你是保守主義者，你可能會想，謹慎一些，慢慢來。你每次只下注 1 元，正面贏 2 元，反面輸 1 元。玩了 20 把突然覺得，對方下注 10 元一次就贏得 20 元，自己一次才贏 2 元，10 次才能贏得 20 元，感覺自己已經錯過「幾個億」而開始後悔！

那到底該以多少比例下注才能獲得最大收益呢？普通賭徒一般一臉茫然，凱利公式卻能夠告訴我們答案：每次下注比例為當時總資金的 25%，這樣就能獲得最大收益。

讓我們來看看凱利公式的盧山真面目：

$$f = \frac{(bp-q)}{b}$$

式中，f 為應投注的資本比例；p 為獲勝的機率（拋到硬幣正面的機率）；q 為失敗的機率，即（$1-p$）（拋到硬幣反面的機率）；b 為賠率，等於期望盈利 ÷ 可能虧損（盈虧比）。

公式中的分子（$bp-q$）代表「贏面」，數學中稱為期望值 [10]。

什麼才是不多不少的賭注呢？凱利告訴我們，要通過選擇最佳投注比例，才能長期獲得最高盈利。回到前面提到的例子中，硬幣拋出正、反面的機率都是 50%，所以 p、q（獲勝、失敗的機

10 期望值：在機率論和統計學中，期望值（或數學期望、均值，也簡稱期望，物理學中稱為期待值）是指在一個離散型隨機變數試驗中每次可能結果的機率乘以其結果的總和。

率）都為 0.5，而賠率＝期望盈利 ÷ 可能虧損 =2 元 ÷1 元，賠率
就是 2，也就是說這個賭局次數越多，我們的收益就越高。那麼
如何利用手中的資金來獲得最高收益呢？我們要求的答案是 f，即

$$\frac{(bp-q)}{b}=\frac{2\times50\%-50\%}{2}=25\% \text{。}$$

由此，我們根據凱利公式的計算得出投注比例，每次都拿出
當前手中資金的 25% 來進行下注。設初始資金為 100 元，硬幣為
正面時，收益為投注的 2 倍，為反面則失去投注金額。在表 20-1
和表 20-2 中，我們模擬計算了 10 次賭局的收益情況。

表 20-1　25% 投注下 10 次收益表（1）

賭局輪次	投資比例	投注金額（元）	正反情況	本輪收益（元）	資金結餘（元）
0		—		—	100
1		25	正	50	150
2		37.5	正	75	225
3		56.25	正	112.5	337.5
4		84.375	正	168.75	506.25
5	25%	126.5625	正	253.125	759.375
6		189.84375	反	−189.84375	569.53125
7		142.3828125	反	−142.3828125	427.1484375
8		106.7871094	反	−106.7871094	320.3613281
9		80.09033203	反	−80.09033203	240.2709961
10		60.06774902	反	−60.06774902	180.2032471

表 20-2　25% 投注下 10 次收益表（2）

賭局輪次	投資比例	投注金額（元）	正反情況	本輪收益（元）	資金結餘（元）
0		—	—	—	100
1		25	正	50	150
2		37.5	反	−37.5	112.5
3		28.125	正	56.25	168.75
4		42.1875	反	−42.1875	126.5625
5	25%	31.640625	正	63.28125	189.84375
6		47.4609375	反	−47.4609375	142.3828125
7		35.59570313	正	71.19140625	213.5742188
8		53.39355469	反	−53.39355469	160.1806641
9		40.04516602	正	80.09033203	240.2709961
10		60.06774902	反	−60.06774902	180.2032471

表 20-1 從先正後反的情況計算了收益，而表 20-2 則計算了正反分布交錯情況下的收益。

比較兩表，我們最終可以發現其收益是相等的，硬幣出現正反面的先後順序對於最終收益的計算結果並無影響。而按 25% 的投注比例進行投注，收益基本呈現穩步增長的大趨勢。

假設投注比例為 100% 時，10 次當中只要出現任意一次的反面，就會徹底輸光所有的錢，直接出局，且每輪反面機率還為 50%；而每次投注 1 元，即投注比例為 1% 的時候，10 次的收益為 $100+10×50\%×2+（-1）×10×50\%=105$（元），這風險很小，但收益太低。由此看來，凱利公式才是最大的贏家。

賭場操盤者每一次下注的時候，都會謹記數學原則；而作為普通賭徒，除了心中默念「菩薩保佑」外，哪裡知道這後面的數學知識？

所以，就算你贏得了「財神爺」的支持，也永遠贏不了凱利公式。

除非 100% 贏
否則任何時候都不應下注

所有的賭場遊戲，幾乎都是對賭徒不公平的遊戲。

但這種不公平並非是莊家出老千，現代賭場光明正大地依靠數學規則賺取利潤，從某種意義上來說，賭場是最透明公開的場所。如果不是這樣，進出賭場不知有多少亡命之徒，何鴻燊哪怕有九條命都不夠賠。

凱利公式不是憑空設想出來的，這個數學模型已經在華爾街得到了驗證，除了在賭場被奉為「勝利理論」，同時也被稱為資金管理神器，它是比爾格羅斯等投資大師的心頭之愛，巴菲特依靠這個公式也獲取了很多收益。回歸到賭場討論這個公式，根據 $f = \dfrac{(bp-q)}{b}$ 公式結論，期望值 $(bp-q)$ 為負時，賭徒不具備任何優勢，也不應下任何賭注。賭博這種遊戲，要下負賭注，還不如

自己開個賭場當莊家。

11 21 點： 一 種 撲 克牌遊戲，起源於法 國，參加者儘量使手 中牌的總點數等於或 接近 21 點，但不能 超過 21 點，再和莊 家比較總點數的大小 以定輸贏。

的確，世界上有為數不多的「賭神」，他們當中有資訊理論的發明者向農、數學家愛德華・索普等，他們通過一系列複雜的計算和艱深的數學理論，把某些賭戲的贏率扳回到 50% 以上，如 21 點[11]，靠強大的心算能力可以把機率拉上去。但就憑你讀書時上課打瞌睡、輸了只知道倍投翻本的可憐知識，以及九九乘法表的那點算力，還是先老實讀完以下三條準則。

（1）期望值（$bp-q$）為 0 時，賭局為公平遊戲，這時不應下任何賭注。

（2）期望值（$bp-q$）為負時，賭徒處於劣勢，更不應下任何賭注。

（3）期望值（$bp-q$）為正時，按照凱利公式投注，賺錢最快，風險最小。

最終結論只有一個：除非 100% 贏，否則任何時候都別賭上全部身家，即使贏率相對較高也要謹慎。

結語
贏得勝利的唯一法則：不賭

有人可能說，我又不是與賭場對賭，我只要贏了對手就行了。可無論是你還是對方，贏者都是要給賭場「流水」的，賭的時間一長，兩者都是在給賭場打工。

現代賭場自己做莊的可能性很小，他們更依賴數學定理獲取利益。對於那些小型賭場和線上賭場，怎麼就確定你的對手不是賭場本身呢？

沒有誰能說服一個墮落的賭徒，因為這是人格的缺陷。如果你尚且是一個具有理性精神的人，就別再迷戀所謂的運氣。賭徒能夠依靠的是「菩薩保佑」，而賭場後面的大師是高斯、凱利、白努利這樣的數學大神。你怎麼可能贏得了莊家？

論理性，沒有人能比賭場老闆更理性。

論數學，沒有人能比賭場老闆請的專家更精通數學。

論賭本，沒有人能比賭場老闆的本錢更多。

如果你想真正贏得這場賭局，法則只有一個：不賭。

21

貝葉斯定理：AI 如何思考？

$$P(A|B) = \frac{P(B|A)P(A)}{P(B)}$$

AI 是人類最優秀的機器，
然而 AI 永遠只是一個機器嗎？

當笛卡兒說出「我思故我在」時，被認為是「人類的覺醒」。

第一個獲得公民身分的機器人索菲婭[1]被問道：「你怎麼知道自己是機器人？」索菲婭的回答是：「你怎麼知道自己是人類？」

機器人會反駁了？這到底是 21 世紀的福音，還是人類搬起石頭砸自己的腳？

這幾年，隨著機器智慧向「我思故我在」這個哲學命題步步逼近，AI（Artificial Intelligence，人工智慧）已不再只是被動地向人類表述世界，而開始主觀地表達意見。Google 自動駕駛汽車的操縱系統、Gmail[2]對垃圾郵件的處理、由 MIT 主導的人類「寫字」系統，以及最新的 Siri（Speech Interpretation & Recognition Interface，語言識別介面）[3]智慧語音助手平臺，還有挑戰人類最後智慧堡壘的 AlphaGo 系統，都已經開始了「深度學習[4]」暴風雨式的革命。

到底什麼是「自我意識」，機器已經在主動思考了嗎？

要回答這些問題，我們必然要研究 AI 背後隱藏著的一個數學公式：貝葉斯定理。

「不科學」的貝葉斯—拉普拉斯公式

貝葉斯定理是 18 世紀英國數學家湯瑪斯·貝葉斯[5]提出的機率理論。

該定理源於他生前為解決一個「逆向機率」問題而寫的一篇論文。

1 索菲婭：由中國香港的漢森機器人技術公司開發的類人機器人，是歷史上首個獲得公民身分的機器人。索菲婭看起來就像人類女性，擁有橡膠皮膚，能夠表現出超過 62 種面部表情，她的「大腦」中的電腦演算法能夠識別面部，並與人進行眼神接觸。

2 Gmail：Google 的免費網路郵件服務。它隨附內置的 Google 搜索技術並提供 15GB 以上的存儲空間，可以永久保留重要的郵件、檔和圖片，快速地查找任何需要的內容。

3 Siri：蘋果公司在其產品 iPhone4S、iPad3 及以上版本手機和 Mac 上應用的一項智慧語音控制功能。利用 Siri，用戶可以通過手機讀短信、介紹餐廳、詢問天氣、語音設置鬧鐘等。

4 深度學習：機器學習中一種基於對資料進行表徵學習的方法，通過建立具有階層結構的人工神經網路，在計算系統中實現人工智慧。深度學習由 Hinton 等人於 2006 年提出。

5 湯瑪斯·貝葉斯：18 世紀英國神學家、數學家、數理統計學家和哲學家，機率論理論創始人，貝葉斯統計的創立者，「歸納地」運用數學機率，「從特殊推論一般、從樣本推論全體」的第一人。

在貝葉斯寫文章之前，人們已經能夠計算「正向機率」。例如：假設袋子裡面有 P 只紅球，Q 只白球，它們除了顏色之外，其他性狀完全一樣。你伸手進去摸一下，可以推算出摸到紅球的機率是多少。

　　但反過來看，如果我們事先並不知道袋子裡紅球和白球的比例，而是閉著眼睛摸出一些球，然後根據手中紅球和白球的比例，對袋子裡紅球和白球的比例做出推測。這就是「逆向機率」問題。貝葉斯的論文提出了一個似乎顯而易見的觀點：用新資訊更新我們最初關於某事物的信念後，我們就會得到一個新的、改進了的信念。簡單來說，就是經驗可以修正理論。

　　通俗地說，就像一個迷信星座的 HR（Human Resources，人力資源顧問），如果碰到一個處女座的應聘者，HR 會推斷那個人多半是一個追求完美的人。這就是說，當你不能準確知悉某事物的本質時，你可以依靠經驗去判斷其本質屬性的機率。支援該屬性的事件發生得越多，該屬性成立的可能性就越高。越多處女座的人表現出追求完美的特質，處女座追求完美這一屬性就越成立。

　　這個研究看起來平淡無奇，當時還名不見經傳的貝葉斯也並未引起多少人的注意，甚至連那篇論文，也是到了他死後第二年的 1763 年，才由一位朋友整理後發表。

　　明珠蒙塵，就像梵谷的畫稿生前無人問津，死後價值連城。

　　其實也情有可原，為什麼貝葉斯定理兩百多年來一直被雪藏、一直不受科學家們認可？因為它與當時的經典統計學相悖，甚至是「不科學」的。

　　與經典統計學中隨機取樣、反覆觀察、重複進行、推斷規律的頻率主義不同，貝葉斯方法建立在主觀判斷的基礎上，你可以先估計一個值，然後根據客觀事實不斷修正。從主觀猜測出發，這顯然不符合科學精神，所以貝葉斯定理為人詬病是有道理的。

　　除了貝葉斯，1774 年，法國數學家拉普拉斯也非常「不科學」地發現了貝葉斯公式，不過他的側重點不一樣。拉普拉斯不想爭論，他直接給出了我們現在所用的貝葉斯公式的數學表達：

$$P(A \mid B) = \frac{P(B \mid A)P(A)}{P(B)}$$

這個「不科學」的公式現在已經非常流行，就像微積分基本定理全稱是牛頓—萊布尼茲公式一樣，貝葉斯公式被稱為貝葉斯—拉普拉斯公式應更科學。

你生病了嗎？
貝葉斯公式是這樣工作的

貝葉斯定理素來以簡單優雅、深刻雋永而聞名，貝葉斯定理並不好懂，每個因子背後都藏著無限的深意。

它到底是如何為人類服務的？

對於貝葉斯定理，參照下面的公式，首先要瞭解各個機率所對應的事件。

$P(A|B)$ 是在 B 發生的情況下 A 發生的機率，也稱為 A 的後驗機率[6]，是在 B 事件發生之後，我們對 A 事件機率的重新評估。

$P(A)$ 是 A 發生的機率，也稱為 A 的先驗機率[7]，是在 B 事件發生之前，我們對 A 事件機率的一個判斷。

$P(B|A)$ 是在 A 發生的情況下 B 發生的機率。$P(B)$ 是 B 發生的機率。

$$P(A \mid B) = \frac{P(B \mid A)P(A)}{P(B)}$$
$$= P(A)\frac{P(B \mid A)}{P(B)}$$

其中，$\frac{P(B|A)}{P(B)}$ 也稱為可能性函數（Likely Hood），這是一個調整因子，使預估機率更接近真實機率。因此，條件機率可以理解為後驗機率＝先驗機率 × 調整因數。

而貝葉斯定理的含義也不言而喻：先預估一個先驗機率，再加入實驗結果，看這個實驗到底是增強還是削弱了先驗機率，修正後得到更接近事實的後驗機率。

在貝葉斯定理含義中，如果調整因子 $\frac{P(B|A)}{P(B)} > 1$，意味

著先驗機率被增強，事件 A 發生的可能性變大；如果調整因子 $\frac{P(B|A)}{P(B)}=1$，意味著 B 事件無助於判斷事件 A 的可能性；如果調整因數 $\frac{P(B|A)}{P(B)}<1$，意味著先驗機率被削弱，事件 A 的可能性變小。

就知道你沒看懂……那還是舉個經常用到的例子吧！

生老病死，人生事爾，身體是革命的本錢。在當今醫學發達的時代，疾病那隻魔鬼似乎難逃科技之手，什麼都能檢查出來。

可你真的生病了嗎？倘若現有一種疾病，它的發病率是 0.001，1000 人中會有 1 個人得病。一襲白大褂的醫學家研發出了一種試劑，可以用來檢驗你是否得病。它的準確率是 0.99，即在你確實得病的情況下，它有 99% 的可能呈現陽性；它的誤報率是 0.05，即在你沒有得病的情況下，也有 5% 的可能呈現陽性，即醫學界令人頭疼的「假陽性」。

如果你的檢驗結果為陽性，那你確實生病的可能性有多大？

假定 A 事件表示生病，那麼 $P(A)$ 為 0.001。這就是先驗機率，即沒有做試驗之前，我們預計的發病率。

再假定 B 事件表示陽性，那麼要計算的就是 $P(A|B)$。這就是後驗機率，即做了試驗以後，對發病率的估計。

$P(B|A)$ 表示生病情況下呈陽性，即「真陽性」，$P(B|A)$ 為 0.99。$P(B)$ 是一種全機率[8]，為每一個樣本子空間中發生 B 的機率的總和。它有兩種子情況，一種是沒有誤報的「真陽性」，一種是誤報了的「假陽性」。套用全機率公式[9]後：

$$P(A|B)=\frac{P(B|A)P(A)}{P(B)}$$

$$=P(A)\frac{P(B|A)}{P(B)}$$

$$=P(A)\frac{P(B|A)}{P(B|A)P(A)+P(B|\overline{A})P(\overline{A})}$$

$$=0.001\times\frac{0.99}{0.99\times0.001+0.05\times0.999}$$

$$=0.019$$

8　全機率：將對一複雜事件的機率求解問題轉化為在不同情況下發生的簡單事件機率的求和問題。

9　全機率公式：如果事件 B_1、B_2、B_3、……、B_n 構成一個完備事件組，即它們兩兩互不相容，其和為全集，並且 $P(B_i)$ 大於 0，則對任一事件 A 有 $P(A)=P(A|B_1)P(B_1)+P(A|B_2)P(B_2)+\cdots+P(A|B_n)P(B_n)$

21 貝葉斯定理：AI 如何思考？

一種準確率為 99% 的試劑，呈陽性，本以為藥石無醫，可在貝葉斯定理下，可信度也不過 2%，原因無它，5% 的誤報率在醫學界可謂非常高了。都說疾病是魔鬼，可以無情地奪去人類生存的希望，可在這看似冷酷的貝葉斯定理下，不到 2% 的機率可以說是極大的慰藉了。

貝葉斯公式逐步取得人類信任

今天的貝葉斯理論已經開始遍布各地。從物理學到癌症研究，從生態學到心理學，貝葉斯定理幾乎像「熱力學第二定律」一樣成為宇宙真諦了。

物理學家提出了量子機器的貝葉斯解釋，捍衛了弦和多重宇宙理論。哲學家主張科學作為一個整體，其實是一個貝葉斯過程。而在 IT 界，AI 大腦的思考和決策過程更是被許多工程師設計成了一個貝葉斯程式。

在日常生活中，我們也常使用貝葉斯公式進行決策。

例如，我們到河邊釣魚，根本就看不清楚河裡哪裡有魚，似乎只能隨機選擇。但實際上我們會根據貝葉斯方法，利用以往積累的經驗找一個回水灣區開始垂釣。這就是我們根據先驗知識進行主觀判斷，在釣過以後對這個地方有了更多瞭解，然後進行選擇。所以，在我們認識事物不全面的情況下，貝葉斯方法是一種非常理性且科學的方法。

貝葉斯理論誕生兩百多年沒有得到主流學界認可，現在被認可主要因為兩件事。

1.《聯邦黨人文集》作者揭秘

1788 年，集結了 85 篇文章的《聯邦黨人文集》匿名出版。根據漢密爾頓和麥迪森生前提供的作者名單，其中 12 篇文章的作者存在爭議，而要找出每一篇文章的作者無疑是極其困難的。

哈佛大學和芝加哥大學的兩位統計學教授採用以貝葉斯公式為核心的分類演算法，先挑選一些能夠反映作者寫作風格的詞彙，

在確定作者的文本中對這些詞彙的出現頻率進行統計，再統計這些詞彙在不確定作者文本中的出現頻率，根據詞彙的出現頻率推斷作者。十多年的時間，他們終於推斷出 12 篇文章的作者，而他們的研究方法也在統計學界引發轟動，被禁錮了兩百多年的貝葉斯公式終於從魔盒裡釋放出來。

2. 美國天蠍號核潛艇搜救

1968 年 5 月，美國海軍天蠍號核潛艇在大西洋亞速海海域失蹤。軍方通過各種技術手段調查無果，最後不得不求助於數學家約翰・克雷文（John Craven）。

克雷文提出的方案同樣也使用了貝葉斯公式，他召集了數學、潛艇、海事搜救等各個領域的專家，共同研究出一張海域機率圖，一邊擲骰子，一邊通過貝葉斯公式搜索某個區域，然後根據搜索結果修正機率圖，再逐個排除小機率的搜索區域，最終指向一個「最可疑區域」。幾個月後，潛艇果然在爆炸點西南方的海底被找到了。

2014 年年初，馬航 MH370 航班失聯，科學家想到的第一個方法就是利用海難、空難搜救的通行方法 —— 通過貝葉斯公式進行區域搜索。這個時候，貝葉斯公式已經名滿天下了。

語音辨識
貝葉斯公式開始展示「神蹟」

最後讓貝葉斯定理站在世界中心位置的是人工智慧領域，特別是自然語音的識別技術。

自然語言處理就是讓電腦代替人來翻譯語言、識別語音、認識文字和進行海量文獻的自動檢索。一直以來，它都是科學家面臨的最大難題，畢竟人類語言可以說是資訊裡最複雜、最動態的一部分，近幾年引入貝葉斯公式和瑪律科夫鏈（Markov Chain）後，它有了長足進步。

文字翻譯尚可理解，但語音涉及各種動態語法，機器怎麼知

10 聲學模型：語音辨識系統中非常重要的部分之一，目前的主流系統多採用隱瑪律科夫模型進行建模。對於語音辨識系統，輸出值通常就是從各個幀計算而得的聲學特徵。

11 語言模型：根據語言客觀事實而進行的語言抽象數學建模，是一種對應關係。語言模型與語言客觀事實之間的關係，如同數學上的抽象直線與具體直線之間的關係。

12 平行語料庫：由原文文本及其平行對應的譯語文本構成的雙語語料庫。語料庫則是以電子電腦為載體，承載語言知識的基礎資源，經科學取樣和加工的大規模電子文本庫。

道你說的是什麼？不過，只要你看到機器翻譯的準確性，你也會感嘆這簡直就是「神蹟」，它們比大部分現場翻譯要準確得多。

語音辨識本質上是音訊序列轉化為文字序列的過程，即在給定語音輸入的情況下，找到機率最大的文字序列。一旦出現條件機率，貝葉斯定理總能挺身而出。

基於貝葉斯定理，語音辨識問題可以分解為：給定文字序列後出現這條語音的條件機率及出現該條文字序列的先驗機率。對條件機率建模所得模型即為聲學模型 [10]，對出現該條文字序列的先驗機率建模所得模型是語言模型 [11]。

我們用 $P(f|e)$ 區別於以上的 $P(A|B)$ 來解釋語音辨識功能。

統計機器翻譯的問題可以描述為：給定一個句子 e，它可能的外文翻譯 f 中哪個是最靠譜的？我們需要計算 $P(f|e)$。

$$P(f|e) \propto P(f) \times P(e|f) \quad (\propto 符號代表「正比例於」)$$

這個公式的右端很容易解釋：那些先驗機率較高，並且更可能生成句子 e 的外文句子 f 將會勝出。我們只需簡單統計就可以得出任意一個外文句子 f 的出現機率。

然而，$P(e|f)$ 不是那麼容易求的，給定一個候選的外文句子 f，它生成（或對應）句子 e 的機率是多大？好比英語翻譯中，準確的翻譯由具有高機率的句子組成，而翻譯模型由大型雙語平行語料庫 [12] 訓練而成，將中文語料與英文語料中相應的詞彙分詞對齊，英文句子才能通過複雜的資料生成中文翻譯。在定義了什麼是「對應」後，也就可以計算出 $P(e|f)$。

隨著大量資料登錄模型進行迭代和大數據技術的發展，貝葉斯定理的威力日益突顯，貝葉斯公式巨大的實用價值也愈發體現出來。

然而，作為人工智慧產品的主要入口，語音辨識僅僅只是運用貝葉斯公式的一個例子。實際上，貝葉斯思想已經滲透到了人工智慧的方方面面。

貝葉斯網路
AI 智慧的拓展

　　語音辨識是人工智慧應用的一個重點，單個語音模型的建立讓我們看到了貝葉斯定理解決問題的能力；而貝葉斯網路的拓展，則讓我們看到了人工智慧的未來。

　　藉助經典統計學，人類已經解決了一些相對簡單的問題。然而，經典統計學方法卻無法解釋由相互聯繫、錯綜複雜的原因（相關參數）所導致的現象，如龍捲風的成因，2 的 50 次方種可能的最小參數值比對；星系起源，2 的 350 次方種可能的星雲[13] 資料處理；大腦運作機制，2 的 1000 次方種可能的意識量子流；癌症致病基因，2 的 20000 次方種可能的基因圖譜……

　　面對這樣數量級的運算，經典統計學顯得力不從心。

　　科學家只能選擇一些可以信任的法則，並以此為基礎，建立理論模型。貝葉斯公式正好幫他們實現了這一點。

　　把某種現象的相關參數連接起來，再把所有假設、已有知識、觀測資料一起代入貝葉斯公式得到機率值，公式結網形成一個成因網，即貝葉斯網路，如圖 21-1 所示。

13　星雲：由稀薄的氣體或塵埃構成的天體之一，包含了除行星和彗星外幾乎所有的延展型天體。星雲原本是天文學上通用的名詞，泛指任何天文上的擴散天體，通常也是恆星形成的區域。

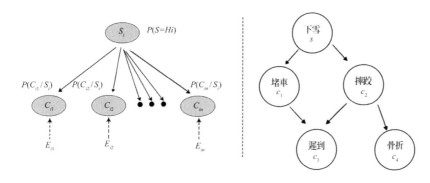

圖 21-1　貝葉斯網路模型圖

　　這樣一種描述資料變數之間依賴關係的圖形模式就是貝葉斯網路，它提供了一種方便的框架結構來表示因果關係，使不確定性推理的邏輯更為清晰，可理解性更強。這也是貝葉斯網路被稱

為機率網路、因果網路的原因。

錯綜複雜的貝葉斯網表達了各個節點間的條件獨立關係，我們可以直觀地從網中窺知屬性間的條件獨立及依賴關係，那些現象的因果關係在這張大網中一目了然。

利用先驗知識和樣本資料，確立隨機變數之間的關聯，為求解條件機率這一核心目的行方便，這就是看上去眼花繚亂、令人望而生畏的貝葉斯大網路的本質。一個又一個的節點，一個又一個的機率，都來源於人類的先驗知識，即以往的經驗、現有的分析等。人類認知的缺陷越大，貝葉斯網路展示的力量越讓人震撼。

今天一場轟轟烈烈的「貝葉斯革命」正在 AI 界發生：貝葉斯公式已經滲入工程師的骨子裡，貝葉斯分類演算法[14] 也成為主流演算法。在很多人眼中，貝葉斯定理就是 AI 發展的基石。

結語
AI 真的會思考嗎？

AI 的第一課，都是從貝葉斯定理開始。因為大數據、人工智慧和自然語言處理中都大量用到了貝葉斯公式。

我們無法預測貝葉斯公式與電腦結合的真正威力，因為一切才剛剛開始。貝葉斯公式與 AI 的結合，這到底是一場科學的革命，還是一場理念的革命？到底是生產力的革命，還是人類在革自己的命？

過去的科學家總結出客觀的貝葉斯公式，現代科學家用這個公式給 AI 注射主觀基因。這種主觀僅僅只是一種資料的表達，還是意識覺醒的一種外在展示？而人類引以為豪的「我思故我在」，真的與 AI 的「貝葉斯思考」有區別嗎？

14 貝葉斯分類算法：統計學的一種分類方法，它是一類利用機率統計知識進行分類的算法。在許多場合，樸素貝葉斯分類算法可以與決策樹和神經網絡分類算法媲美，該算法能運用到大型數據庫中，而且方法簡單、分類準確率高、速度快。

22

三體問題：揮之不去的烏雲

$$m_i\ddot{r_i}=\sum_j \frac{m_i m_j}{r_{ij}^3}(r_j-r_i)$$

尋求三體解析解，

是人類的夢想。

$$m_i \ddot{r}_i = \sum_j \frac{m_i m_j}{r_{ij}^3} \times (r_j - r_i)$$

07/31/2140 ± 120

憑藉《三體》這本小說，劉慈欣單槍匹馬地把中國科幻提升到世界水準。

小說以天體力學中的三體模型為基礎，虛構了生活在「三合星」星系上的一群智慧生命，我們稱之為三體人。每日，他們都在尋求三體解析解，以求生存。因為他們的星系裡有三個太陽，這三個太陽無規則地進行「三體」運動，你根本不知道哪天會三日淩空，分分鐘熱死你；也不知道哪一天長夜將至，冰凍千年。

在這種無恆定的生存環境下，三體文明被毀滅了兩百多次，「三合星」依舊不斷吞沒所在星系的行星，只剩下最後一顆行星。若再無法解決三體問題，他們的生命將岌岌可危，只能開始想辦法向外遷徙，首先成為他們獵物的就是地球。

一下子，「三體人」頭頂揮之不去的烏雲，就這麼擴散到了地球人的頭上。那麼，三體問題究竟是什麼？它們之間的運動到底有無規律？

牛頓時代
二體問題已得到徹底解決

三體問題這一振聾發聵的天問，還得從一顆「掃把星」說起。

西元 1066 年，一顆拖著長尾巴的古怪天體在夜空中緩緩劃過，注視著人間即將上演的殊死一戰。很快，赫斯廷斯的山岡上，英國國王哈羅德[1]正帶領著軍隊死死抵抗著諾曼人的入侵。這一夜，哀鴻遍野，血河流淌，英國終不敵諾曼人的強悍武力，只能痛苦地匍匐在敵人腳下俯首稱臣，眼睜睜看著入侵者趾高氣揚地站上他們的王城之巔。

可悲的是，當時的人們將這一切災難歸咎為頭頂那顆飛逝而過的神秘天體，他們認為這是種不祥之兆。

像這種把彗星的出現和人間的災難聯繫在一起的事例還有很多，但能夠對此嗤之以鼻的人很少，天文學家哈雷算一個，他對彗星不僅不討厭，還癡迷不已。哈雷長期不懈地觀測、記錄彗星的運行軌跡，試圖找出掩藏在這顆星體背後的運行規律。

2　哈雷彗星：每76.1
年環繞太陽一周的週
期彗星，因英國物
理學家愛德蒙・哈
雷（1656—1742）首
先測定其軌道資料並
成功預言回歸時間而
得名。

　　為此，1684 年，哈雷還專門前去劍橋請教牛頓，結果讓他欣喜若狂。牛頓準確地告訴他：物體間引力和距離的平方成反比。而且根據牛頓的計算結果可知，天體都是圍著一條橢圓的軌道運行的。隨後，哈雷利用牛頓的理論成功預測了彗星再次降臨地球的時間，這就是著名的「哈雷彗星[2]」命名的由來。

　　哈雷對牛頓竟然早就知道天體運行秘密的遠見卓識，佩服得五體投地，因此，總是督促牛頓將他的學術成果著作成書。後來，隨著牛頓的巨著《自然哲學的數學原理》出版，「掃把星」這無辜的「背鍋俠」也洗清了冤屈。

　　牛頓在《自然哲學的數學原理》中用數學方法嚴格地證明了克卜勒三大定律，使二體問題得到徹底解決，這也是迄今為止唯一能徹底求解的天體力學問題。所謂二體問題，是只考慮兩個具有質量 m_1 和 m_2 的質點之間的相互作用（只考慮萬有引力），像地球的自轉、形狀等影響因素被忽略不計。設 m_1、m_2 的向徑是 R，那麼它們的向徑加速度就是關於時間的二階導數：$\dfrac{\mathrm{d}^2(R)}{(\mathrm{d}t)^2}$（$R$ 對 t 的二階導數）。

　　根據萬有引力定律，向徑加速度應該等於向心力與質量 m 的比，即 $-\dfrac{uR}{r^3}$。

　　以上兩式相等，於是得到二體運動方程：

$$\frac{\mathrm{d}^2(R)}{(\mathrm{d}t)^2} = -\frac{uR}{r^3}$$

式中，R 為向徑；r 為 R 的模；u 為地球引力常數，是人造地球衛星運動中常用的常數，具體的公式為 $u=GM$，其中 G 為萬有引力常數，M 為地球質量，即萬有引力公式的變形。

　　如果以 m_1 和 m_2 表示太陽和行星的質量來研究它們的運動情況，即二體問題在數學上可以歸結為求解如下的微分方程：

$$F_{12}(x_1 x_2) = m_1 \ddot{x}_1$$

$$F_{21}(x_1 x_2) = m_2 \ddot{x}_2$$

終極追問
人類頂尖科學家無功而返

身處三維世界的我們，到底能不能解開「三體」這個結？

二體問題的成功解決給了牛頓希望，他開始迫不及待著手研究三體問題。不得不說，年輕的牛頓是個非常上進的青年，如果「三體人」真的佔領了地球，可能唯一能活命的就是他了。

我們來描述一下牛頓引入了第三個球體後的感覺。作為偉大的數學家，圖形在牛頓的意識深處都是數位化的，這種天然的數學感讓他在解決一球和二球問題時並不吃力，所有的運動軌跡都能用幾個方程來表示，就算複雜如晚秋的落葉，也只是幾個方程的疊加，再加上幾個變數和參數。可是，第三個球體一旦被引入數學模型，這個三球世界一下子變得不可捉摸。三個球體在數學模型中進行著永不重複的隨機運動，描述它的函數方程如潮水般湧現，無休無止，不可斷絕。

牛頓研究三體問題也不僅僅是為了證明自己比萊布尼茲厲害，因為三體問題是天體力學中的基本模型，即探究三個質量、初始位置和初始速度都為任意的可視為質點的天體，在萬有引力的作用下的運動規律。這個規律值得好好研究。

最簡單的例子就是太陽系中太陽、地球和月球的運動。但沒想到的是，這個從 2 到 3 看起來非常簡單的數字跳轉問題，卻使牛頓頭痛不已。像兩個球那樣有流暢曼妙的橢圓軌道的曲線沒有了，牛頓在三體問題的計算中，得到的曲線越走越遠，雜亂無章的答案將牛頓帶入失落的漩渦，三體為什麼不能周而復始地運行下去呢？這個問題牛頓得不到答案，也沒有人能為他解答。所以牛頓認為，我們的太陽、地球再加上月亮的系統是不穩定的。

這是多麼令人沮喪的事啊！到了晚年，失落的牛頓之所以寄情於上帝的神蹟，大概是想通過無所不能的上帝來解決心中的疑惑吧。

但豈止是牛頓，即使是幾百年之後的今天，經歷了無數位科學家、數學家勤勤懇懇地日夜追尋，三體問題仍然未能圓滿地解

決，大於 3 的 N 體問題自然就更為困難了。

如此困難重重的三體問題，卻是天體運動中非常常見的，如與我們生活息息相關的太陽、地球、月亮，它們根據牛頓的計算，就好像是三個調皮的小孩跑來跑去，萬有引力作用不能將它們乖乖聚集在一起。

三體問題的真正解決辦法是建立一種數學模型，使三體在任何一個時間斷面的初始運動向量已知時，能夠精確預測三體系統以後的所有運動狀態。若根據牛頓萬有引力定律和牛頓第二定律，我們可以得到在三體問題中，作用於質點 Q_i 的力為：

$$\sum_j F_{ij} = \sum_s \frac{m_i m_j}{r_{ij}^i}(r_j - r_i) \qquad (j \neq 1)$$

式中，m 為質點的質量；r 為質點的位置向量；r_{ij} 為兩質點間的距離；F_{ij} 為兩質點間的作用力。

而三體問題的運動微分方程可寫為：

$$m_i \ddot{r}_i = \sum_j \frac{m_i m_j}{r_{ij}^3 x}(r_j - r_i) \qquad (j \neq i; \; i, j = 1, 2, 3)$$

一般的三體問題，每個天體在其他兩個天體的萬有引力作用下，其運動方程都可以表示成六個一階的常微分方程。因此，一般三體問題的運動方程為十八階方程，必須得到 18 個積分才能得到完全解。然而，現階段還只能得到三體問題的 10 個初積分，遠遠不足以解決三體問題。

三體問題
百年數學大廈上揮之不去的烏雲

1900 年，慧眼如炬的數學家希爾伯特在演講中提出了 23 個困難的數學問題及兩個典型例子，第一個例子是費馬大定理，第二個就是 N 體問題的特例——三體問題。1995 年，費馬大定理終於得以解決，但三體問題仍然是數學天空的一朵烏雲，始終揮之不去。

我們常說的「三體問題無解」，準確來說，是無解析解，意思是三體問題沒有規律性答案，不能用準確無誤的解析式進行表達，只能算一個數值解，並且得出的數值並不是一個精確值。對於三體問題得出的初始數值解，一開始只有極小的誤差，但在時間推移下，這個誤差會被逐漸放大。當時間趨於無窮時，數位「龍捲風」早就不知道將三體軌道刮向何處了。三體軌道的長時間行為的不確定性，就被稱為混沌現象。

三個物體在空間中的分布可以有無窮多種情況，由於混沌現象的存在，通常情況下三體問題的解是非週期性的。但在特殊條件下，一些特解是存在的。例如，在合適的初始條件下（位置、速度等），系統在運動一段時間之後能夠回到初始狀態，即進行週期性的運動。

在三體問題被提出的 300 年內，僅有 3 種類型的特殊解（不是通解）被發現，到了 2013 年，才有了明顯的突破，兩位物理學家又發現了 13 種新特解。

3　守恆量：天文學專有名詞，或者說運動恆量，是指無論體系處於什麼樣的狀態（定態或非定態），力學量 A 的平均值及測量值的分布均不隨時間變化，所以稱 A 為體系的一個守恆量。

其實，三體運動已經將球體自轉速度、形狀等限制條件忽略不計了。即使是這樣，牛頓、拉格朗日、拉普拉斯、泊松、雅可比、龐加萊等大師為這個問題窮盡了一生精力，所得到的結果也僅僅是多體系統，除已知的 10 個守恆量[3]外，沒有其他守恆量。守恆量可以用來降低解的維度，是當時流行的解動力系統的方法，而這個結果表明該方法對多體問題的解決用處不大。傳到民間，這個結果經常被誤解為「三體問題無解」，專業一點的說法是「無精確解」或「無解析解」。

科學發展到現在，三體問題的求解和應用，其實就是一部科學家們窮盡一生苦求無果的心酸簡化史。但就像《阿甘正傳》電影台詞說的：「生活就像一盒巧克力，你永遠不知道你會得到什麼。」人類在科學摸索之路上也是一樣的，因為未知，所以摸索到更多的可能性。浩瀚宇宙中真的有外星人嗎？準確地說，答案並不確定。但由這個問題引出許多深刻的討論，它們可能比問題本身的解答更為重要。

對於科學家來說，他們不相信哲學家的話，而是希望用數學方程解開謎團。所以，關於三體的求解，科學家們會一直追尋下去。

退而求其次
三體問題簡化——限制性三體

既然三體問題這個「小魔王」都已經如此不好對付了，那就更不用說考慮質點更多的四體問題、N 體問題這種超級「大魔王」了。深諳要穩紮穩打、逐步擊破敵人防禦塔的地球人決定退而求其次，對三體模型進行簡化，因此就有了限制性三體問題的研究。

限制性三體問題是在二體問題的基礎上，加入了一個對二體運動無影響的質點，研究該質點在二體引力作用下的運動。其中根據二體運動規律的不同，將限制性三體問題分為圓型、橢圓型、拋物型及雙曲型等限制性三體問題。我們只談其中最簡單的模型 —— 平面圓型限制三體問題。

18 世紀法國數學家、力學家和天文學家拉格朗日為了求得三體問題的通解，日思夜想，絞盡腦汁，最後他採用了一個非常極端的例子作為三體問題的結果，並在 1772 年發表於論文《三體問題》中：即如果某一時刻，三個運動物體恰恰處於等邊三角形的三個頂點，那麼給定初速度，它們將始終保持等邊三角形隊形運動。這個推論的結果是得到五個平動點，又稱拉格朗日點，在天體力學中是平面圓型限制三體問題的五個特解。

這些點的存在，由瑞士數學家歐拉於 1767 年推算出前三個，法國數學家拉格朗日於 1772 年推導證明其餘兩個。這五個拉格朗日點中只有兩個是穩定的，即小物體在該點處即使受外界引力的干擾，仍然有保持在原來位置處的傾向。每個穩定點同兩大物體所在的點構成一個等邊三角形，我們設定這五個平動點分別為 L_1、L_2、L_3、L_4、L_5，如圖 22-1 所示。

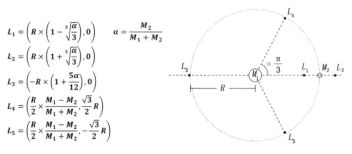

$$L_1 = \left(R \times \left(1 - \sqrt[3]{\frac{\alpha}{3}} \right), 0 \right) \qquad \alpha = \frac{M_2}{M_1 + M_2}$$

$$L_2 = \left(R \times \left(1 + \sqrt[3]{\frac{\alpha}{3}} \right), 0 \right)$$

$$L_3 = \left(-R \times \left(1 + \frac{5\alpha}{12} \right), 0 \right)$$

$$L_4 = \left(\frac{R}{2} \times \frac{M_1 - M_2}{M_1 + M_2}, \frac{\sqrt{3}}{2} R \right)$$

$$L_5 = \left(\frac{R}{2} \times \frac{M_1 - M_2}{M_1 + M_2}, -\frac{\sqrt{3}}{2} R \right)$$

圖 22-1　五個拉格朗日點示意圖

L_1、L_2 和 L_3 在兩個天體的連線上，為不穩定點。若垂直於中線地推移測試質點，則有一力將其推回平衡點；但若測試質點漂向任一星體，則該星體的引力會將其拉向自己。不過，雖然它們是不穩定的，但是可以選取特定的數值使系統原來的解退化為近似週期解，相應的平動點的運動變為穩定的，此時這種穩定稱為條件穩定。

對於 L_4、L_5，　$0 < \mu < \mu^*$ 時（其中 μ^* 滿足 $\mu^*(1 - \mu^*) = \dfrac{1}{27}$），$L_4$、$L_5$ 是線性穩定的。對於太陽系中處理成限制性三體問題的各個系統，如日—木—小行星、日—地—月球等，相應的 μ 均滿足條件 $0 < \mu < \mu^*$（μ^* 滿足 $\mu^*(1 - \mu^*) = \dfrac{1}{27}$）。對於 $\mu^* < \mu < \dfrac{1}{2}$ 的情況，顯然是不穩定的。

消滅三體暴政
世界屬於數學

三體問題像個暴躁的國王，它喜怒無常的出行路線永遠讓人捉摸不定。

當理論物理學家開始絕望時，現實中的拉格朗日點已有所應用。1906 年，一顆活潑好動的小行星出現在天文學家的視線裡。它不是乖乖待在火星與木星之間的小行星帶中，而是緊追木星的步伐一起探險，它的運行軌道和木星是相同的。最奇妙的是，它

的繞日運動週期也與木星相同。從太陽上看，它總是在木星之前60°運轉，不會與木星貼近。這顆小行星被命名為「阿基里斯」，讚譽它是荷馬史詩裡特洛伊戰爭[4]中的希臘英雄。

小行星「阿基里斯」的出現，讓睿智的科學家馬上聯想到這很可能是三體問題中的一個特例，一番尋覓後，天文學家很快就在木星之後60°的位置上發現了「阿基里斯」的小夥伴。迄今為止，已有700顆小行星在木星前後這兩個拉格朗日點上被找到，這些處在拉格朗日點上的小行星都以特洛伊戰爭裡的英雄命名，並有一個集體稱號：特羅央群小行星。特羅央實際上就是古希臘神話中小亞細亞的特洛伊城。

一下子，這深邃夜空中閃爍的群星就在數學運算下不再遙不可及，浩渺的宇宙在科學的預見中也不再神秘莫測，處處閃爍著數學智慧的光芒。

4　特洛伊戰爭：古希臘戰爭，發生在邁錫尼文明時期。西元前12世紀，邁錫尼王國為了爭奪海上霸權而與小亞細亞西南沿海的國家發生衝突，其中最著名的就是以爭奪世上最漂亮的女人海倫為起因的特洛伊戰爭。10年的特洛伊戰爭消耗了邁錫尼大量的元氣，讓這個一度輝煌的國家變得千瘡百孔。一場戰爭拖垮了一個文明，這也是特洛伊戰爭備受關注的一個原因。

結語
尋找通往三體世界的地圖

雖然《三體》是本虛構小說，但數學中的三體問題卻是實際存在的。三體問題是否真的無解，人類現在還沒有辦法得出結論，如果找到了通往三體世界的地圖，人類會躍升一個文明等級嗎？

而量子計算在這個過程中能扮演什麼角色？三體屬於算力問題，還是規律問題？究竟是因為文明層次決定了我們在面對某些問題時受限，還是因為人類少了希爾伯特這樣的天才？

一切都是未知。摧毀三體的光粒文明，之所以能擊中三體的一顆恆星，是因為他們解析出了三體運動嗎？這一切，並非只是科幻，更要做出科學的理性思考。

23

橢圓曲線方程：比特幣的基石

$$y^2 = x^3 + ax + b$$

人會說謊，但數學不會騙人。

1 SHA256 演算法：SHA-2 下細分的一種演算法。SHA-2 的名稱來自安全散列演算法 2（Secure Hash Algorithm 2）的縮寫，是一種密碼散列函數演算法標準，由美國國家安全局研發，屬於 SHA 演算法之一。

2 RIPEMD-160 演算法：對輸入字元實現 RIPEMD 家族四種消息摘要演算法。RIPEMD 為 RACE Integrity Primitives Evaluation Message Digest 的縮寫，是基於 MD4 演算法原理並彌補了 MD4 演算法缺陷而開發出來的，RIPEMD-160 是對 RIPEMD-128 的改進，也是最常見的 RIPEMD 系的演算法。

3 Base58 編碼：一種二進制可視字串的演算法，主要用來轉換大整數值。比特幣就使用了根據 Base58 編碼改進的 Base58 演算法。

2009 年 1 月 3 日，中本聰一直從下午忙到黃昏，在赫爾辛基的一個小型伺服器上創建、編譯、打包了第一份開原始程式碼。儘管這份代碼非常簡陋，至今仍被很多程式師嘲笑，然而它還是正常運行了 SHA256 演算法[1]、RIPEMD-160 演算法[2]、Base58 編碼[3]。在 2009 年 1 月 3 日 18 點 15 分，比特幣世界的第一個區塊（block）被創建。

這一天被比特幣信徒稱為「創世日」，而這個區塊也被稱為「創世塊」，中本聰則成了「創世主」。這一天標誌著比特幣的誕生！

比特幣誕生的前夕

二十世紀 90 年代，網際網路的浪潮席捲全球，全世界都為之狂歡。唯有部分密碼龐克沉默不語，這個天生與電腦為伍的極客團體，集結了大批電腦駭客和密碼學者，他們擁有敏銳的大腦，沒有人比他們更熟悉代碼世界。

作為網際網路世界最早的原住民和創世者，除了瞭解網際網路對人類未來社會的引領力外，同時也對網際網路可能帶給人類的負面影響警惕萬分，特別是隱私領域被侵犯，這是最讓人頭痛的地方。在網際網路世界，隱私保護問題不僅僅是社會治理結構的問題，如果沒有強大的技術力量作為支撐，根本不可能成功保護隱私。

如果網際網路世界中的企業日益做大，而後它們成長為虛擬世界的「中心節點」，最後一定會成長為權力中心，成為網際網路自由世界的「噩夢」。而其中最讓人擔心的就是支付體系問題，這裡面涉及個人財富的穩私，那如何來保護自己的網際網路財富？

早在 1990 年，大衛・喬姆（David Chaum）就提出注重隱私安全的密碼學網路支付系統，它具有不可追蹤的特性，這就是後來的 E-cash，這是真正意義上的第一代電子貨幣。

1992 年，以蒂莫西・梅（Timothy May）為發起人，美國加州

物理學家和數學家秘密匯聚。出於對 FBI（美國聯邦調查局）和 NSA（美國國家安全局）的警惕，這幫技術自由主義派偷偷成立了一個密碼龐克小組，主要目的是捍衛數位世界公民隱私，討論的議題包括追求一個匿名的獨立電子貨幣體系。他們都有著這樣的共識：如果期望擁有隱私，我們就必須親自捍衛它，使用密碼學、匿名郵件轉發系統、數位簽章及電子貨幣來保障公民的隱私。

正如印刷技術改變了中世紀的行會及社會權力結構一般，他們相信密碼技術方法也將從根本上改變機構及政府干預經濟交易的方式。由此，利用密碼學開發一種可以不受任何政治力量或金融力量操控的電子貨幣擺上了密碼龐克小組的議程。

1998 年，戴偉提出了匿名的、分散式的電子加密貨幣系統——B-money。

2005 年，尼克·薩博（Nick Szabo）提出比特幣的設想，用戶通過競爭性地解決數學難題，再將解答的結果用加密演算法串聯在一起公開發布，構建出一個產權認證系統。

從喬姆的 E-cash，到戴偉的 B-money，再到薩博的比特幣……幾代密碼龐克懷著對自由貨幣的嚮往，像堂吉訶德一般偏執而驕傲，試圖成為網際網路貨幣的鑄幣者，卻最終都功虧一簣。

儘管這些理論探索一直沒有真正進入應用領域，也長期不為公眾所知，但這些研究成果極大地加速了比特幣的面世進程。

數位貨幣的誕生歷程，就像是一次接力賽。非對稱加密[4]、點對點技術[5]、雜湊現金（Hash Cash）[6]這些關鍵技術沒有一項是中本聰發明的，而他站在前人的肩膀上，創造出了比特幣。

支撐比特幣的數學共識

喬姆、戴偉、薩博三人是衝在前鋒的排頭兵，非對稱加密、點對點技術、雜湊現金這三項關鍵技術則是在貨幣自由道路上披

4 非對稱加密：區別於對稱加密只使用同一金鑰進行加密和解密，非對稱加密演算法需要兩個金鑰來進行加密和解密，這兩個金鑰是公開金鑰（public key）和私鑰（private key）。由此，加密和解密的過程被分開，只有參與加密和解密的人才能夠通過公私密金鑰進行加密和解密，這保證了資料傳輸的安全。

5 點對點技術：又稱對等網際網路路技術，是一種網路新技術，其依賴網路中參與者的計算能力和頻寬，而不是依賴都聚集在較少的幾台伺服器上。純點對點網路沒有用戶端或伺服器的概念，只有平等的同級節點，同時還對網路上的其他節點充當用戶端和伺服器，是一個完全去中心化的架構。

6 雜湊現金：又譯「哈希現金」，這是比特幣採用的工作量證明機制，本質上是利用了單向資訊摘要演算法，如 SHA，由此計算出一個帶亂數的字串的雜湊值，並且指定雜湊值符合一定規律。

7 分散式交易帳簿：一種在網路成員之間共用、複製和同步的資料庫，沒有中心管理員或集中資料存儲。分散式交易帳簿記錄了網路參與者之間的交易，如資產或資料的交換。這種共用帳本降低了因調解不同帳本所產生的時間和開支成本。

8 拜占庭將軍問題：由萊斯利・蘭波特（Leslie Lamport）提出的點對點通信中的基本問題。其含義是，在存在消息丟失的不可靠通道上，試圖通過消息傳遞的方式達到一致性是不可能的。因此，對一致性的研究，一般假設通道是可靠的，或不存在本問題。

荊斬棘的利器。前兩項技術使分散式交易帳簿[7]得以建立，避免了資料被篡改，雜湊現金演算法則在 2004 年經過哈爾・芬尼（Hal Finney）改進為「可複用的工作量驗證（Reusable Proofs of Work, RPOW）」後，成功被中本聰用來攻克加密貨幣的最後關鍵難點——拜占庭將軍問題[8]，即雙重支付問題。

彙集加密圈先驅們的奮戰經驗，以及累積數代人的技術成果，中本聰藉由數學力量建立起區塊鏈世界：以 ECC 橢圓曲線為錢包基礎，以去中心化為精神內核，以 SHA256 演算法為最後的數學堡壘，力圖對抗網際網路世界中的商業巨頭和國家壟斷！

2008 年 11 月 1 日，在美國金融危機引發全世界經濟危機之時，論文《比特幣：一種點對點的電子現金系統》被發布。

2009 年 1 月 3 日，中本聰打包了第一份開原始程式碼，比特幣世界的第一個區塊被創建。

此後，比特幣市值一路水漲船高，雖然過程中也曾多次面臨絕境，但一直受到更多人的支持與擁護，因為他們堅定地相信比特幣背後的最大支柱——數學。

縱觀比特幣的方方面面，都與數學密不可分。

（1）雜湊演算法。

有比特幣「安全之鏈」之稱的雜湊演算法，是一種將任意長度的消息壓縮到某一固定長度的消息摘要的函數。這種雜湊函數有一個單向性，任何東西進去，出來都是一串亂數，這串隨機字串就是雜湊值，也稱散列值。

在比特幣系統中，主要使用了兩個雜湊演算法：SHA256 和 RIPEMD160。它們的應用會組合成兩個函數：Hash256 和 Hash160。Hash256 主要用於生成標誌符，如區塊 ID、交易 ID 等；而 Hash160 主要用於生成比特幣地址。

（2）工作量證明機制。

在比特幣節點裡，任何人都可以爭取記帳權，誰最先解決一道數學題，誰就能獲得記帳的權力。這種數學題有一個特點——解起來很難，驗證很容易，這就是比特幣的工作量證明機制。

「假設解題是在扔 4 個骰子，誰扔出小於 5 的點數就對了。扔出來比較困難，但是驗證卻很簡單。」這就是比特幣的雜湊碰撞，也是區塊鏈的工作本質。

（3）橢圓曲線加密演算法。非對稱加密公開金鑰與私密金鑰的組合建立在一個更高層的數論之上，稱為橢圓曲線。

這個數學方程雖然看起來很簡單，卻是證明世界三大難題之一費馬大定理的關鍵。1955 年，日本數學家谷山豐洞察天機，提出了谷山─志村猜想，建立了橢圓曲線和模形式之間的重要聯繫，為後來英國數學家懷爾斯寒窗 10 年苦證費馬大定理指了一條明路，也為中本聰發明比特幣協定開啟了一扇智慧大門。

比特幣通過橢圓曲線選取金鑰對，由私密金鑰計算出公開金鑰，公開金鑰加密，私密金鑰解密，利用橢圓曲線對資料進行簽名驗證。這個過程，使交易、簽名和認證成為可能，保證了比特幣的安全。

橢圓曲線方程
比特幣的基石

相比於其他數學應用，橢圓曲線方程在比特幣中扮演著關鍵角色。可以說，沒有橢圓曲線方程，就沒有比特幣的安全性，沒有安全性，比特幣就不可能建立貨幣信用。能建立起這麼一套強大的加密系統其實並不容易，這背後充滿了博弈與陰謀。

NSA（National Security Agency，美國國家安全局）是加密世界裡最大的「魔鬼」，在二十世紀 90 年代末以前，非對稱加密技術被視為軍用，均在 NSA 的嚴密監視下。雖然在這之後，NSA 表面上放棄了對加密技術的控制，使這些技術得以走進公眾領域，並使其廣泛應用於網路通信。但實際上，NSA 仍在干涉加密領域，通過對加密演算法置入後門，然後將被置入後門的演算法推廣為標準演算法，輕而易舉獲取使用者的資訊。

有趣的是，中本聰並不信任 NSA 公布的加密技術。2013 年 9

9　愛德華·斯諾登（Edward Snowden）：前 CIA（美國中央情報局）技術分析員，後供職於國防項目承包商博思艾倫諮詢公司。2013 年 6 月，斯諾登將美國國家安全局關於 PRISM 監聽項目的秘密文檔披露給了《衛報》和《華盛頓郵報》，隨即遭美國政府通緝，事發時人在香港，隨後飛往俄羅斯。

月，愛德華‧斯諾登[9]爆料 NSA 採用秘密方法控制加密國際標準，加密貨幣採用的橢圓曲線函數可能留有後門，NSA 能以不為人知的方法弱化這條曲線。所幸，中本聰使用的不是 NSA 的標準，而是選擇了 Secp256k1 橢圓曲線，如圖 23-1 所示，它是一條隨機曲線，而不是偽隨機曲線。

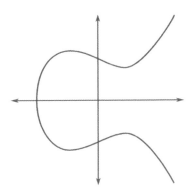

圖 23-1 Secp256k1 橢圓曲線

10 魏爾斯特拉斯方程：由魏爾斯特拉斯函數而來，在數學中，魏爾斯特拉斯函數是一類處處連續而處處不可導的實值函數。歷史上，魏爾斯特拉斯函數是一個著名的數學反例，說明了所謂的「病態」函數的存在性，改變了當時數學家對連續函數的看法，具有重要意義。

11 有限域：也稱伽羅瓦域（Galois field），是僅含有限個元素的域。它是伽羅瓦（Galois）於 18 世紀 30 年代研究代數方程根式求解問題時引出的，有限域的特徵數必為某一質數 p。

由此，依靠 Secp256k1 橢圓曲線，全世界只有極少數程式躲過了這一漏洞，比特幣便是其中之一。

不過，想要弄清 Secp256k1 橢圓曲線，我們首先要瞭解橢圓曲線是什麼。Math World 線上數學百科全書給出了一個完整的定義，橢圓曲線是一個具有 x 和 y 兩個變元的魏爾斯特拉斯方程[10]：

$$y^2 + axy + by = x^3 + cx^2 + dx + e$$

數學上一般簡單表示為：

$$y^2 = ax^3 + bx + c$$

判別式為 $\Delta = -4a^3c + a^2b^2 - 4b^3 - 27c^2 + 18abc \neq 0$，其具有兩個重要特性。

（1）任意一條非垂直的直線與橢圓曲線相交於兩點，若這兩點均不是切點，那該直線必與該曲線相交於第三點。

（2）過橢圓曲線上任意一點的非垂直切線必與該曲線相交於另一點。常用於密碼系統中的橢圓曲線則是基於有限域[11]$GF(p)$上的橢圓曲線，方程表示為：

$$y^2 = x^3 + ax + b(\text{mod } p)$$

Secp256k1 橢圓曲線指的是比特幣中使用的 ECDSA（Elliptic Curve Digital Signature Algorithm，橢圓曲線數位簽章演算法）曲線的參數，它總共包含以下六個參數：a、b、p、G、n、h，下面分別進行介紹。

參數 a、b，是橢圓曲線方程 $y^2 = x^3 + ax + b$ 中的 a 和 b。這兩個參數決定了 Secp256k1 所使用的橢圓曲線方程。在 Secp256k1 橢圓曲線中，它們的值分別是 a=0 和 b=7。

所以方程是 $y^2 = x^3 + 7$ ，在實數域上畫出來如圖 23-2 所示。

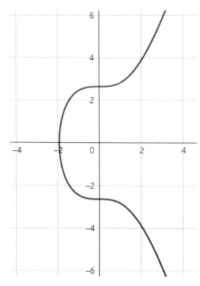

圖 23-2 實數域上的橢圓曲線

參數 p，由於密碼學上使用的橢圓曲線都是在有限域上定義的，因此對於 Secp256k1 橢圓曲線來說，它使用的有限是 $GF(p)$，即它的曲線方程實際上是 $y^2 = x^3 + 7(\text{mod } p)$。

參數 G，是橢圓曲線上的一個點，稱為基點。

參數 n，是使 nG=0 的最小正整數。

參數 h，一般取 h=1。h 是橢圓曲線群的階 [12] 與由 G 生成的子群的階的比值，是設計 Secp256k1 橢圓曲線時使用的參數。

作為基於 $GF(p)$ 有限域上的橢圓曲線，Secp256k1 橢圓曲線

12 階：群論術語。在群論中，階有兩個可能的含義：一個群 G 的階是指它的勢，即其元素個數；類似於數論裡的定義，設 a 是群 G 裡的元素，e 是單位元，我們把使 $a_n=e$ 成立的最小整數 n 稱為 a 的階，並記作 $ord(a)$ 或 $|a|$。如果這樣的 n 不存在，則把 a 的階當作無限大，即 $|a|= \infty$。

由於其構造的特殊性，優化後可比其他曲線的性能提高 30%，明顯表現出以下兩個優點，即佔用很少的頻寬和存儲資源，金鑰的長度很短，以及讓所有的用戶都可以使用同樣的操作完成域運算。

當然，更重要的還是它保障了金鑰對生成和簽名驗證的安全，為比特幣樹立起了一面強有力的天然屏障。

私密金鑰是唯一的證明

比特幣用戶端中的核心是私密金鑰，擁有私密金鑰就擁有私密金鑰對應比特幣的使用權限，所以，加密錢包的核心對象顯而易見，就是私密金鑰。

在解讀整個比特幣的加密體系前，先來看一些名詞的含義。

（1）密碼：從外部輸入的，用來加密和解密錢包的字串。

（2）主金鑰：一個 32 位元組的亂數，直接用於錢包中私密金鑰的加密，加密完後立即刪除。

（3）主金鑰密文：根據外部輸入密碼對主金鑰進行 AES-256-CBC[13] 加密的結果，該加密過程為對稱加密。

（4）主金鑰密文生成參數：主要保存了由主金鑰得到主金鑰密文過程中參與運算的一些參數。由該參數配合密碼可以反推得到主金鑰。

（5）私密金鑰：橢圓曲線演算法私有金鑰，即錢包中的核心。擁有私密金鑰就擁有私密金鑰對應的比特幣使用權，而私密金鑰對應的公開金鑰只是關聯比特幣，沒有比特幣的使用權限。

（6）私密金鑰密文：主金鑰對私密金鑰進行 AES-256-CBC 加密的結果，過程為對稱加密。整個加密解剖圖如圖 23-3 所示。

13 AES-256-CBC：AES 全稱是 Advanced Encryption Standard，即高級加密標準，在密碼學中又稱 Rijndael 加密法。AES 的基本要求：採用對稱區塊編碼器體制，區塊長度固定為 128bit，金鑰長度則可以是 128、192 或 256bit。CBC 的全稱是 Cipher Block Chaining，即密碼分組連結，適合傳輸長度長的報文。

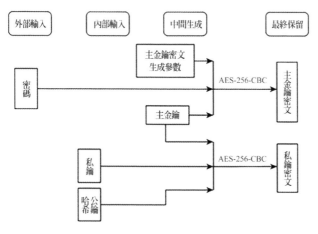

圖 23-3 加密解剖圖

根據加密解剖圖，我們把加密過程解剖如下。

程式生成 32 位元組亂數作為主金鑰，然後根據外部輸入的密碼結合生成的主金鑰密文生成參數，一起對主金鑰進行 AES-256-CBC 加密，加密結果為主金鑰密文。將主金鑰對錢包內的私密金鑰進行 AES-256-CBC 加密，得到私密金鑰密文，待加密完成後，刪除私密金鑰，保留私密金鑰密文。同時，刪除主金鑰，保留主金鑰密文和主金鑰密文生成參數。這樣，錢包的加密就完成了。

以下是對加密過程的輸入／輸出的總結。

（1）輸入：密碼。

（2）中間生成：主金鑰、主金鑰密文生成參數、主金鑰密文、私密金鑰密文。

（3）最終保留：主金鑰密文生成參數、主金鑰密文、私密金鑰密文。

（4）內部輸入：私密金鑰。

比特幣使用橢圓曲線演算法生成的公開金鑰和私密金鑰，選擇的是 Secp256k1 曲線。SHA-256 十分強大，它不像從 MD5 到 SHA-1 那樣增強步驟，而是可以持續數十年，除非存在大量突破性攻擊。也正是因為這樣一套非常完備的加密體系，比特幣在初期就得到了很多極客、技術派、自由主義者和無政府主義者的信

橢圓曲線方程：比特幣的基石

賴。他們相信數學，而不是相信中本聰。

當然，比特幣錢包的加密體系雖然非常安全，但整個比特幣生態並非無懈可擊。在算力爭奪戰爭中，比特幣的中心化早已遠遠超出了法幣的中心化。一次次利益紛爭的背後，實際是一場場權力與利益的博弈。

在這一過程中，總有人試圖成為權威，同時也讓數學構建貨幣信任機制的發展充滿了層層阻礙。

結語
比特幣本質是一種數學

從誕生的初衷上看，比特幣以解決雙花問題[14]及拜占庭將軍問題為目標，試圖以建立點對點的電子現金系統，讓一切回到貨幣發展的本質。從實現基礎上看，比特幣就是建立在已有的數學理論之上；從安全保障上看，無論金鑰對生成，還是私密金鑰簽名和簽名驗證，都離不開橢圓曲線函數的加固保障。將這三者濃縮為一點，數學就是比特幣的基石。

雖然自由主義者認為比特幣承載了「此物一出天下反」的理想，但實際上，比特幣仍然只是數學在網際網路世界的一種延伸。無論賦予它多少榮耀與光環，它仍然只是一段開源程式、一種密碼演算法、一個 P2P 的電子支付系統、一台世界性的電腦、一個人類新的底層作業系統。與 TCP/IP[15]、支付寶、P2P 一樣，其最大的意義就是為人類服務，否則最終只會淪為科技先驗者的實證遊戲。

2010 年 12 月 12 日，中本聰在比特幣論壇上發布最後一個帖子，隨後活動頻率逐漸降低。2011 年 4 月，中本聰發布最後一項公開聲明，宣稱自己「已經開始專注於其他事情」。

此後，中本聰消失，再未現身。傳奇也好，傳說也罷，起源於數學世界的比特幣，已經開啟了它的創世之旅。

14 雙花問題：「雙花」即雙重支付，指的是在數位貨幣系統中，由於資料的可複製性，系統可能存在同一筆數位資產因不當操作被重複使用的情況。

15 TCP/IP：網際網路協定（Internet Protocol Suite）是一個網路通信模型，以及一整個網路傳輸協定家族，為網際網路的基礎通信架構。這些協議最早發源於美國國防部（United States Department of Defense, DoD）的 ARPA 網項目，因此也被稱為 DoD 模型（DoD Model）。這個協定族由網際網路工程任務組負責維護。

人物索引

1.

- 朱塞佩・皮亞諾（Giuseppe Peano，1858—1932）： 義大利數學家，數學邏輯和集合理論先驅。
- 克利斯蒂安・哥德巴赫（Christian Goldbach，1690—1764）： 德國數學家，因提出哥德巴赫猜想而聞名。
- 戈特弗里德・萊布尼茲（Gottfried Leibniz，1646—1716）： 德國哲學家、數學家，與牛頓先後獨立發現微積分，數理邏輯奠基人。

2.

- 劉徽（約 225—295）： 數學家，中國古典數學理論的奠基人之一。
- 畢達哥拉斯（Pythagoras，約西元前 80—西元前 500）： 古希臘數學家、哲學家，以「萬物皆數」為信念。

3.

- 皮埃爾・德・費馬（Pierre de Fermat，1601—1665）： 法國業餘數學家，提出費馬大定理。
- 安德魯・懷爾斯（Andrew Wiles，1953—）： 英國數學家，1995 年證明費馬大定理。

4.

- 芝諾（Zeno，約西元前 490—西元前 425）： 古希臘數學家、哲學家，以芝諾悖論著稱。
- 以撒・牛頓（Isaac Newton，1643—1727）： 英國物理學家、數學家、天文學家，與萊布尼茲先後獨立發現微積分；描述萬有引力和三大運動定律，奠定了力學和天文學的基礎。
- 阿基米德（Archimedes，西元前 287—西元前 212 年）： 古希臘哲學家、

數學家、物理學家，被譽為「古典力學之父」。

- 卡爾‧魏爾斯特拉斯（Karl Weierstrass，1815—1897）：德國數學家，被譽為「現代分析之父」。

- 讓‧巴普蒂斯‧傅立葉（Jean Baptiste Fourier，1768—1830）：法國數學家、物理學家，創建傅立葉變換。

5.

- 尼古拉‧哥白尼（Mikoaj Kopernik，1473—1543）：波蘭天文學家、數學家，現代天文學的開拓者。

- 約翰尼斯‧克卜勒（Johannes Kepler，1571—1630）：德國天文學家、數學家，發現了行星運動的三大定律。

- 亨利‧卡文迪許（Henry Cavendish，1731—1810）：英國化學家、物理學家，計算出萬有引力常數和地球的重量，卡文迪許實驗室就是為紀念他而命名。

6.

- 萊昂哈德‧歐拉（Leonhard Euler，1707—1783）：瑞士數學家，被譽為「數學之王」。

- 皮埃爾‧西蒙‧拉普拉斯（Pierre-Simon Laplace，1749—1827）：法國數學家、天文學家，提出拉普拉斯妖。

7.

- 埃瓦里斯特‧伽羅瓦（Évariste Galois，1811—1832）：法國數學家，與尼爾斯‧阿貝爾並稱為現代群論的創始人。

- 亞歷山大‧格羅滕迪克（Alexander Grothendieck，1928—2014）：德國數學家，現代代數幾何的奠基者。

8.

- 玻恩哈德‧黎曼（Bernhard Riemann，1826—1866）：德國數學家，黎曼幾何學創始人。

- 馮‧諾依曼（Johnvon Neumann，1903—1957）：美籍匈牙利裔數學家、電腦科學家、物理學家，被稱為「現代電腦之父」。

9.

- 安東萬一羅倫‧拉瓦節（Antoine-Laurentde Lavoisier，1743—1794）：

法國化學家、生物學家，被尊稱為「現代化學之父」。

- 魯道夫・克勞修斯（Rudolf Clausius，1822—1888）：德國物理學家、數學家，熱力學的主要奠基人之一。
- 詹姆斯・克拉克・馬克士威（James Clerk Maxwell，1831—1879），英國物理學家、數學家，經典電動力學創始人，統計物理學奠基人之一。
- 路德維希・波茲曼（Ludwig Boltzmann，1844—1906）：奧地利物理學家、哲學家，熱力學和統計物理學的奠基人之一。
- 埃爾溫・薛丁格（Erwin Schrödinger，1887—1961）：奧地利物理學家，量子力學奠基人之一。

10.

- 海因里希・魯道夫・赫茲（Heinrich Rudolf Hertz，1857—1894）：德國物理學家，證實了電磁波的存在。
- 夏爾—奧古斯丁・庫侖（Charles-Augustinde Coulomb，1736—1806）：法國物理學家，因庫侖定律而聞名。
- 漢斯・克利斯蒂安・奧斯特（Hans Christian Ørsted，1777—1851）：丹麥物理學家，發現了電流磁效應。
- 安德列—瑪麗・安培（André-Marie Ampère，1775—1836）：法國物理學家、化學家、數學家，被馬克士威譽為「電學中的牛頓」。
- 邁克爾・法拉第（Michael Faraday，1791—1867）：英國物理學家、化學家，電磁學奠基人。
- 湯瑪斯・楊（Thomas Young，1773—1829）：英國物理學家，光的波動說奠基人之一。

11.

- 阿爾伯特・愛因斯坦（Albert Einstein，1879—1955）：美籍德裔物理學家，現代物理學奠基人，狹義相對論和廣義相對論創立者。
- 馬克斯・普朗克（Max Planck，1858—1947）：德國物理學家，量子力學的重要創始人之一。
- 伽利略・伽利雷（Galileo Galilei，1564—1642）：義大利天文學家、物理學家、哲學家，近代實驗科學先驅。

12.

- 尼爾斯・波耳（Niels Bohr，1885—1962）：丹麥物理學家，哥本哈

根學派創始人，提出了波耳原子模型和互補原理。

- 沃納・卡爾・海森堡（Werner Karl Heisenberg，1901—1976）：德國物理學家，量子力學的主要創始人，創立矩陣力學，提出不確定性原理。
- 路易・維克多・德布羅意（Louis-Victor de Broglie，1892—1987）：法國理論物理學家，量子力學的奠基人之一，物質波理論創立者。

13.

- 保羅・狄拉克（Paul Dirac，1902—1984）：英國理論物理學家，量子力學的奠基人之一。
- 馬克斯・玻恩（Max Born，1882—1970）：德國理論物理學家，量子力學的奠基人之一。
- 沃爾夫岡・包立（Wolfgang Ernst Pauli，1900—1958）：美籍奧地利裔科學家、物理學家，提出包立不相容原理。
- 張首晟（1963—2018）：美國華裔物理學家，主要從事凝聚態物理領域研究。

14.

- 楊振寧（1922—）：世界著名物理學家，1954 年與米爾斯提出楊—米爾斯理論，1957 年獲諾貝爾物理學獎。
- 彼得・希格斯（Peter Higgs，1929—）：英國物理學家，因希格斯機制與希格斯粒子而聞名，2013 年獲諾貝爾物理學獎。
- 弗里曼・戴森（Freeman Dyson，1923—2020）：美籍英裔物理學家、數學家，為量子電動力學做出決定性貢獻。

15.

- 克勞德・向農（Claude Shannon，1916—2001）：美國數學家，被譽為「資訊理論之父」。

16.

- 費雪・布雷克（Fischer Black，1938—1995）：美國經濟學家，布雷克—斯科爾斯模型的提出者之一。
- 邁倫・斯科爾斯（Myron Samuel Scholes，1941—）：美國經濟學家，布雷克—斯科爾斯模型的提出者之一，1997 年獲諾貝爾經濟學獎。

18.

- 克利斯蒂安・惠更斯（Christiaan Huygens，1629—1695）：荷蘭物理學家、天文學家、數學家，提出向心力定律和動量守恆原理。
- 羅伯特・虎克（Robert Hooke，1635—1703）：英國物理學家，提出虎克定律。
- 勒內・笛卡兒（Rene Descartes，1596—1650）：法國哲學家、數學家、物理學家，被譽為「解析幾何之父」，西方現代哲學思想的奠基人之一。

19.

- 愛德華・勞倫茲（Edward Lorenz，1917—2008）：美國氣象學家，被譽為「混沌理論之父」，蝴蝶效應的發現者。
- 本華・曼德博（Benoit Mandelbrot，1924—2010）：數學家，分形幾何的創立者。

20.

- 雅各・白努利（Jakob Bernoulli，1654—1705）：瑞士數學家，機率論先驅之一，提出了白努利試驗與大數定理。
- 約翰・奈許（John Nash，1928—2015）：美國數學家、經濟學家，提出奈許均衡博弈理論，曾獲諾貝爾經濟學獎。
- 約翰・拉里・凱利（John Larry Kelly，1923—1965）：美國科學家，以凱利公式聞名。
- 愛德華・索普（Edward Thorp，1932—）：美國數學家，被稱為「第一個戰勝賭場的人」。

21.

- 湯瑪斯・貝葉斯（Thomas Bayes，1702—1761）：英國數學家、數理統計學家、哲學家，貝葉斯統計的創立者。

22.

- 約瑟夫・拉格朗日（Joseph Louis Lagrange，1736—1813）：法籍義大利裔數學家、物理學家，分析力學創立者。

23.

- 中本聰（Satoshi Nakamoto）：真實身分未知，2009 年發布首個比特幣軟體，正式啟動比特幣金融系統。